ОСНОВНОЙ КУРС РУССКОГО ЯЗЫКА ДЛЯ СТУДЕНТОВ ИНЖЕНЕРНО-ТЕХНИЧЕСКИХ ПРОФИЛЕЙ

工程俄语基础教程

（第三册）

总主编　王　莉

主　编　刘雪玲　王亚东　王靖雯

哈尔滨工业大学出版社
HARBIN INSTITUTE OF TECHNOLOGY PRESS

内 容 简 介

本书以理工科(机械、电子、交通、土木工程专业)及文科的"管理学"知识内容为基础,以俄罗斯国情文化知识为补充,结合学生的专业课进度,按照"学中用"和"用中学"相结合的原则,开展俄语语言技能的习得训练。在教材体例上,加强"一般用途俄语"的教学规范性,遵循传统俄语教材的编写规范,设计编写了课文、生词、语法和相关练习等形式的内容,并附有词汇表。在教材内容上,突出"专门用途俄语"的应用实践性,通过掌握理学、工学及管理学知识的俄语表达方式来提升俄语语言能力。

本书可供就读于中俄合作办学专业的学生使用,也可供赴俄留学人员语言强化使用。

图书在版编目(CIP)数据

工程俄语基础教程. 第三册/刘雪玲,王亚东,王
靖雯主编. — 哈尔滨:哈尔滨工业大学出版社,2022.8
　ISBN 978－7－5767－0285－9

　Ⅰ.①工…　Ⅱ.①刘…　②王…　③王…　Ⅲ.①工程技
术-俄语-教材　Ⅳ.①TB

中国版本图书馆 CIP 数据核字(2022)第 121714 号

策划编辑　王桂芝
责任编辑　张　荣　王　雪
出版发行　哈尔滨工业大学出版社
社　　址　哈尔滨市南岗区复华四道街 10 号　邮编 150006
传　　真　0451－86414749
网　　址　http://hitpress.hit.edu.cn
印　　刷　哈尔滨市工大节能印刷厂
开　　本　787 mm×1 092 mm　1/16　印张 15　字数 360 千字
版　　次　2022 年 8 月第 1 版　2022 年 8 月第 1 次印刷
书　　号　ISBN 978－7－5767－0285－9
定　　价　49.80 元

《工程俄语基础教程》
教材编写委员会

序

中俄合作办学自 1994 年启动以来,历经起步探索期—迅速发展期—复核调整期—稳健发展期四个阶段。至 2021 年 9 月,经教育部审批的中俄合作办学项目已达 124 家,机构办学达到 12 家,俄罗斯成为仅位居美、英、澳之后的第四大中外合作办学对象国,在校生人数 25 000 余人。

目前,国家越来越重视对俄教育交流工作,国家留学基金管理委员会俄乌白国际合作培养项目规模不断扩大。在夯实中俄合作基础、保障人才供给、优化人文交流氛围和教育开放布局等方面,中俄合作办学意义重大。

俄语教学在中俄合作办学工作中的作用不可替代,但在中俄合作办学工作实践中,各办学单位对俄语教学的意义、任务和模式认识不够充分,教学效果也差强人意,这影响着中俄合作办学事业的更好发展。编者认为,俄语教学工作需要注意如下三点:

一、强化俄语教学是中俄合作办学质量生命线的理念。俄语教学是按照"专业+俄语"复合型国际化人才的培养规格要求,俄语教学为推动中俄两国间学科专业合作交流提供语言工具保障。

二、实现俄语教学从语言"知识"向语言"应用"的转移。以语言的实用性作为教学的出发点和核心,培养与某专业领域相适应的俄语语言技能,打造以实用训练为中心的针对性教学模式,做到"学中用,用中学,学用统一"。

三、厘清"一般用途俄语"(Russian for General Purposes, RGP)和"专门用途俄语"(Russian for Specific Purposes,RSP)的区别。目前,我国的俄语教学单位普遍选择"一般用途俄语"模式,该模式以通识性语言材料作为教学内容,以获取俄语语言技能为目的。"专门用途俄语"以某一专业或职业领域相关的语言材料为教学内容,以"特定学习目标为导向"的语言教学和能力训练作为教学任务,既包括"一般用途俄语"的能力训练,也包括对专业知识内容的认知。这种模式对教师的要求相对较高,需要具备常规俄语教学的语言技能训练能力,并对相应的学科和专业有一定的了解。

调研显示,目前大部分中俄合作办学单位采用 RGP 教学模式,采用《东方俄语》系列教材或《大学通用俄语》教材。RGP 教学模式表现出三方面不足:教材中的专业知识内容供给不足,不符合中俄合作办学"专业+俄语"人才培养目标需求;教材对学生专业学习诉求回应不够,学生的学习内驱动力不足;应试教育倾向明显,语言能力训练不足以推动专业素养水平的提升。

综上所述,编者认为,从 RGP 向 RSP 转型对中俄合作办学人才培养目标的实现意义重大,甚至对于推进更大范围内的俄语教学模式改革同样有积极的作用。但 RSP 教学模式的实施既有学生思想理念上认识需求端的问题,还体现在师资队伍、教材建设、教学模式等资源供给端的难点。

从需求端来看,学生的学习理念和目标与复合型人才培养目标有差异。对标中俄合作办学"专业+俄语"复合型人才培养的目标要求,应当形成全体师生的共识,强化学生的学业主观认知和学习能动性,以"学中用"为能力训练思路,实施"专业+俄语"的融合教学,推动RSP教学体系创新,用俄语进行专业学习和研究,实现与专业学习的有效对接,从而提高学生的俄语综合技能(重点训练语言输出技能),提高学生的专业思辨能力和跨文化交际能力。

从供给端来看,现有师资队伍以俄语语言专业背景为主,不适应RSP的服务专业学习的教学目标;现有教材以通用语言材料为主,不适应"专业+俄语"的教学需要;教学模式以单一的课堂讲授为主,不适应中俄合作办学人才目标的能力体系要求。我们需要将俄语语言学习和专业课程学习相结合,师资、教材和教学有机衔接,打造"浸入式"语言教学生态。

教学资源保障的核心是人,师资队伍建设是一个成长学习的过程,教学模式构建是一个探索完善的过程,而教材建设是工作理念、队伍和模式落地的基础保障,亟待落实。

2019年5月,在教育部国际合作与交流司和中国教育国际交流协会的推动下,"中俄合作办学高校联盟"成立,为创新开展中俄合作办学工作提供了坚实的组织保障和合作平台。联盟内各合作办学单位联合开展RSP的课程开发、教材建设和模式创新等工作,共建共享教育资源,为解决中俄合作办学的语言瓶颈开展有益的探索。

本系列教材以理工科(数学、物理、机械、电子、交通、土木工程类等)知识内容为基础,以赴俄后工科高校的学习生活为场景,并结合学生的专业学习进度,按照"学中用"和"用中学"相结合的原则,开展俄语语言技能的习得训练。

在教材体例上,加强"一般用途俄语"的教学规范性,遵循传统俄语教材的编写规范,设计编写了对话、课文、生词、语法和相关练习等形式的内容,并附词汇表。

在教材内容上,突出"专门用途俄语"的应用实践性,通过掌握理学和工学知识的俄语表达方式提升俄语语言能力。本系列教材共分4册,第一、二册的语言材料以中学数学和物理知识为主,第三、四册的语言材料以机械类、电子类、交通类、土木工程等入门知识为主,辅之以俄罗斯国情文化知识内容。

本系列教材可供就读于中俄合作办学专业的学生使用,原则上四个学期完成,根据工程类专业课进度,可做适当调整;也可供赴俄留学人员语言强化使用。

参加本系列教材编写工作的编者包括江苏师范大学中俄学院、长春大学中俄学院、山东交通学院顿河学院及交通与物流工程学院、北京联合大学城市轨道交通与物流学院等高校的俄语教师。

王 莉

2022年1月

前　言

　　本册教材继续沿袭"专门用途俄语"的编写理念,在"通用俄语"部分以俄罗斯国情文化为学习内容,重点介绍俄罗斯的国体、俄罗斯建筑、俄罗斯文学、俄罗斯影视、俄罗斯历史及地理、俄罗斯人口等常识性内容;在"专门用途俄语"方面以理工科(机械、电子、交通、土木工程、工业设计等专业)及文科的管理学专业知识为教学内容,将23篇专业小课文结合学生的专业课进度,按照"学中用"和"用中学"相结合的原则,开展俄语语言技能的习得训练。

　　在教材的体例上,本册教材设计编写了与课文内容配套的生词和相关练习,并附有词汇表。在教材内容上,突出"专门用途俄语"的应用实践性,通过掌握理学、工学及管理学知识的俄语表达方式来提升俄语语言能力。

　　本册教材由山东交通学院顿河学院及交通与物流工程学院教师团队编写,刘雪玲、王亚东和王靖雯担任主编,具体编写分工如下:刘雪玲编写1~4课、单词表及附录专业词汇表,王亚东编写5~8课,王靖雯编写9~12课,刘宇编写13~15课,王晓晴编写16~18课。主编刘雪玲、王亚东和王靖雯审阅全书。在此一并感谢各位教师为参与本册教材的编写工作所付出的辛劳!

　　由于编者水平有限,书中疏漏及不足之处在所难免,恳请广大专家、读者提出宝贵意见和建议。

编　者

2022 年 6 月

ОГЛАВЛЕ́НИЕ

УРО́К 1 ·· 1

    РАЗДЕ́Л 1 ТЕКСТ ·· 1

    РАЗДЕ́Л 2 ГРАММА́ТИКА ··· 3

    РАЗДЕ́Л 3 ИНФОКОММУНИКАЦИО́ННЫЕ ТЕХНОЛО́ГИИ И СИСТЕ́МЫ СВЯ́ЗИ

    ·· 6

УРО́К 2 ·· 8

    РАЗДЕ́Л 1 ТЕКСТ ·· 8

    РАЗДЕ́Л 2 ГРАММА́ТИКА ··· 10

    РАЗДЕ́Л 3 ИНФОКОММУНИКАЦИО́ННЫЕ ТЕХНОЛО́ГИИ И СИСТЕ́МЫ СВЯ́ЗИ

    ·· 13

УРО́К 3 ·· 15

    РАЗДЕ́Л 1 ТЕКСТ ·· 15

    РАЗДЕ́Л 2 ГРАММА́ТИКА ··· 17

    РАЗДЕ́Л 3 ИНФОКОММУНИКАЦИО́ННЫЕ ТЕХНОЛО́ГИИ И СИСТЕ́МЫ СВЯ́ЗИ

    ·· 18

УРО́К 4 ·· 21

    РАЗДЕ́Л 1 ТЕКСТ ·· 21

    РАЗДЕ́Л 2 ГРАММА́ТИКА ··· 24

    РАЗДЕ́Л 3 ЖЕЛЕЗНОДОРО́ЖНЫЙ ТРА́НСПОРТ ············ 25

УРО́К 5 ·· 28

    РАЗДЕ́Л 1 ТЕКСТ ·· 28

    РАЗДЕ́Л 2 ГРАММА́ТИКА ··· 30

    РАЗДЕЛ 3 ЖЕЛЕЗНОДОРО́ЖНЫЙ ТРА́НСПОРТ ············ 32

УРО́К 6 ·· 35

    РАЗДЕ́Л 1 ТЕКСТ ·· 35

    РАЗДЕ́Л 2 ГРАММА́ТИКА ··· 37

    РАЗДЕ́Л 3 ЖЕЛЕЗНОДОРО́ЖНЫЙ ТРА́НСПОРТ ············ 40

УРО́К 7 ·· 42

    РАЗДЕ́Л 1 ТЕКСТ ·· 42

    РАЗДЕ́Л 2 ГРАММА́ТИКА ··· 44

    РАЗДЕ́Л 3 МАШИНОСТРОЕ́НИЕ ·································· 46

УРО́К 8 ·· 49

    РАЗДЕ́Л 1 ТЕКСТ ·· 49

    РАЗДЕ́Л 2 ГРАММА́ТИКА ··· 52

РАЗДЕ́Л 3 МАШИНОСТРОЕ́НИЕ ·············· 54

УРО́К 9 ·········· 58
РАЗДЕ́Л 1 ТЕКСТ ·········· 58
РАЗДЕ́Л 2 ГРАММА́ТИКА ·········· 61
РАЗДЕ́Л 3 МАШИНОСТРОЕ́НИЕ ·········· 62

УРО́К 10 ·········· 65
РАЗДЕ́Л 1 ТЕКСТ ·········· 65
РАЗДЕ́Л 2 ГРАММА́ТИКА ·········· 67
РАЗДЕ́Л 3 СИСТЕ́МА ОБЕСПЕ́ЧЕНИЯ ДВИЖЕ́НИЯ ПОЕЗДО́В ·········· 70

УРО́К 11 ·········· 72
РАЗДЕ́Л 1 ТЕКСТ ·········· 72
РАЗДЕ́Л 2 ГРАММА́ТИКА ·········· 74
РАЗДЕ́Л 3 СИСТЕ́МА ОБЕСПЕ́ЧЕНИЯ ДВИЖЕ́НИЯ ПОЕЗДО́В ·········· 79

УРО́К 12 ·········· 82
РАЗДЕ́Л 1 ТЕКСТ ·········· 82
РАЗДЕ́Л 2 ГРАММА́ТИКА ·········· 84
РАЗДЕ́Л 3 МЕ́НЕДЖМЕНТ ·········· 86

УРО́К 13 ·········· 89
РАЗДЕ́Л 1 ТЕКСТ ·········· 89
РАЗДЕ́Л 2 МЕ́НЕДЖМЕНТ ·········· 91

УРО́К 14 ·········· 94
РАЗДЕ́Л 1 ТЕКСТ ·········· 94
РАЗДЕ́Л 2 МЕ́НЕДЖМЕНТ ·········· 97

УРО́К 15 ·········· 99
РАЗДЕ́Л 1 ТЕКСТ ·········· 99
РАЗДЕ́Л 2 МЕ́НЕДЖМЕНТ ·········· 101

УРО́К 16 ·········· 104
РАЗДЕ́Л 1 ТЕКСТ ·········· 104
РАЗДЕ́Л 2 МЕ́НЕДЖМЕНТ ·········· 106

УРО́К 17 ·········· 107
РАЗДЕ́Л 1 ТЕКСТ ·········· 107
РАЗДЕ́Л 2 ПРОМЫ́ШЛЕННЫЙ ДИЗА́ЙН ·········· 109

УРО́К 18 ·········· 116
РАЗДЕ́Л 1 ТЕКСТ ·········· 116
РАЗДЕ́Л 2 ГРАЖДА́НСКОЕ СТРОИ́ТЕЛЬСТВО ·········· 119

СЛОВА́РЬ 1—2 ·········· 130

ПРИЛОЖЕ́НИЯ 1—4 ·········· 162

СПИ́СОК ЛИТЕРАТУ́РЫ ·········· 228

УРО́К 1

РАЗДЕ́Л 1   ТЕКСТ

ГОСУДА́РСТВЕННОЕ УСТРО́ЙСТВО РОССИ́ЙСКОЙ ФЕДЕРА́ЦИИ

По мне́нию председа́теля Конституцио́нного суда́ Росси́йской Федера́ции, одного́ из а́второв де́йствующей Конститу́ции РФ В. Д. Зо́рькина, Росси́я—э́то президе́нтско – парла́ментская респу́блика с широ́кими полномо́чиями президе́нта.

Госуда́рственную власть в Росси́йской Федера́ции осуществля́ют Президе́нт Росси́йской Федера́ции, Федера́льное Собра́ние, Прави́тельство Росси́йской Федера́ции, суды́ Росси́йской Федера́ции. Госуда́рственную власть в субъе́ктах Росси́йской Федера́ции осуществля́ют образу́емые и́ми о́рганы госуда́рственной вла́сти.

Главо́й госуда́рства явля́ется Президе́нт Росси́йской Федера́ции. Президе́нт Росси́йской Федера́ции определя́ет основны́е направле́ния вну́тренней и вне́шней поли́тики госуда́рства, представля́ет Росси́йскую Федера́цию внутри́ страны́ и в междунаро́дных отноше́ниях, явля́ется Верхо́вным Главнокома́ндующим Вооружёнными си́лами Росси́йской Федера́ции. Президе́нт избира́ется на шесть лет гра́жданами Росси́йской Федера́ции на осно́ве всео́бщего избира́тельного пра́ва при та́йном голосова́нии.

Федера́льное Собра́ние—парла́мент Росси́йской Федера́ции—явля́ется представи́тельным и законода́тельным о́рганом Росси́йской Федера́ции, состои́т из двух пала́т: Сове́та Федера́ции и Госуда́рственной Ду́мы. В Сове́т Федера́ции вхо́дят по два представи́теля от ка́ждого субъе́кта Росси́йской Федера́ции. Госуда́рственная Ду́ма состои́т из 450 депута́тов и избира́ется сро́ком на пять лет.

Исполни́тельную власть Росси́йской Федера́ции осуществля́ет Прави́тельство. Прави́тельство Росси́йской Федера́ции состои́т из Председа́теля Прави́тельства Росси́йской Федера́ции, замести́телей Председа́теля Прави́тельства Росси́йской Федера́ции и федера́льных мини́стров. Председа́тель Прави́тельства Росси́йской Федера́ции назнача́ется Президе́нтом Росси́йской Федера́ции с согла́сия Госуда́рственной Ду́мы.

По состоя́нию на а́вгуст 2020 го́да пост Президе́нта Росси́йской Федера́ции занима́ет Влади́мир Пу́тин, председа́теля Прави́тельства—Михаи́л Мишу́стин. Основны́м зако́ном госуда́рства явля́ется конститу́ция, при́нятая в 1993 году́.

Столи́ца Росси́и—го́род Москва́.

Задáния к тéксту

I. Вы́учите нóвые словá и словосочетáния.

конститýция	宪法
парлáмент	议会
полномóчие	权力, 权能
председáтель	主席(阳)
внýтренняя и внéшняя полúтика	国内外政策
избирáтельное прáво	选举权
голосовáние	投票
палáта	某些国家的议院
депутáт	代表; 议员
дýма	议会
óрган	机构
законодáтельная власть	立法权
исполнúтельная власть	行政权

II. Отвéтьте на вопрóсы.

А.

1. Какáя фóрма правлéния предстáвлена в Россúйской Федерáции?

2. Назовúте óрганы госудáрственной влáсти в Россúи.

3. Какúе óрганы осуществля́ют законодáтельную и исполнúтельную власть?

4. Какúе фýнкции исполня́ет президéнт Россúи?

Б.

1. Какáя фóрма правлéния предстáвлена в вáшей странé?

2. Назовúте óрганы госудáрственной влáсти в вáшей странé.

3. Какúе óрганы осуществля́ют законодáтельную и исполнúтельную власть в вáшей странé?

4. Кто явля́ется главóй вáшего госудáрства?

III. Заполните прóпуски в соотвéтствии с содержáнием тéкста.

1. Россúя—э́то президéнтско-парлáментская респýблика с широ́кими полномóчиями _____.

2. Президéнт избирáется на _____ лет.

3. Федерáльное собрáние состоúт из _____ палáт: Совéта Федерáции и Госудáрственной дýмы.

4. Депутáты в Госудáрственную Дýму избирáются на _____ лет.

5. Председáтель Правúтельства Россúйской Федерáции назначáется Президéнтом Россúйской Федерáции с соглáсия _____.

IV. Соедини́те слова́ и словосочета́ния с их определе́нием, объясне́нием (Табли́ца 1. 1).

Табли́ца 1. 1

Слова́ и словосочета́ния	Определе́ние, объясне́ние
конститу́ция	исполни́тельный о́рган
Федера́льное собра́ние	представи́тельный и законода́тельный о́рган
прави́тельство	основно́й зако́н госуда́рства

V. Прочита́йте предложе́ния. Вы согла́сны с тем, что напи́сано? Е́сли нет, то испра́вьте ошибки.

1. Главо́й Росси́и явля́ется Председа́тель Прави́тельства.
2. Госуда́рственная Ду́ма состои́т из 500 депута́тов.

РАЗДЕ́Л 2　ГРАММА́ТИКА

НАКЛОНЕ́НИЕ ГЛАГО́ЛА

Катего́рия наклоне́ния выража́ет отноше́ние де́йствия к действи́тельности.

Изъяви́тельное наклоне́ние выража́ет де́йствие, кото́рое мо́жет происходи́ть в настоя́щем, проше́дшем и бу́дущем: Я *говорю́*. Она́ *писа́ла*. Мы *бу́дем рабо́тать*.

Сослага́тельное наклоне́ние употребля́ется тогда́, когда́ де́йствие не соверша́ется, но оно́ возмо́жно, жела́тельно и́ли необходи́мо: Я *бы* с удово́льствием *посмотре́л* э́тот фильм. Я *посмотре́л бы* э́тот фильм с удово́льствием.

Сослага́тельное наклоне́ние образу́ется с по́мощью части́цы *бы* пе́ред и́ли по́сле глаго́ла проше́дшего вре́мени: Ты *бы сходи́л* в магази́н. Ты *сходи́л бы* в магази́н.

ЗАПО́МНИТЕ!

бы+ глаго́л прош. вр.	и́ли	глаго́л прош. вр. + бы

Значе́ние жела́тельности в разгово́рной ре́чи мо́гут выража́ть констру́кции с инфини́тивом. Таки́е констру́кции выража́ют бо́лее си́льное стремле́ние к осуществле́нию де́йствия, чем сослага́тельное наклоне́ние: *Пое́хать бы* домо́й! *Зако́нчить бы* рабо́ты за́втра!

Сослага́тельное наклоне́ние мо́жет выража́ть зави́симость де́йствия от каки́х-либо причи́н: Без тебя́ я *не реши́л бы* э́той зада́чи. Е́сли *бы* ты *не помо́г* мне, я *не реши́л бы* э́той зада́чи.

Сослага́тельное наклоне́ние мо́жет употребля́ться в сло́жном предложе́нии. В э́том слу́чае глаго́л называ́ет де́йствие, кото́рое соверша́ется вопреки́ ожида́нию: Что *бы я ни говори́л*, ты не понима́ешь меня́.

Сослага́тельное наклоне́ние мо́жет выража́ть про́сьбу: *Проводи́л бы* ты меня́ домо́й.

Е́сли вме́сто части́цы *бы* употребля́ется части́ца *что́бы*, то выража́ется тре́бование и́ли прика́з: *Что́бы за́втра сдал э́ту кни́гу. Что́бы я э́того бо́льше не слы́шала.*

Повели́тельное наклоне́ние (императи́в) употребля́ется тогда́, когда́ де́йствие не соверша́ется, но выража́ет побужде́ние к де́йствию, прика́з и́ли про́сьбу: *Принеси́те* кни́гу! *Вы́учите* слова́! *Вы́ключите*, пожа́луйста, свет!

Образова́ние повели́тельного наклоне́ния

1. У глаго́лов с осно́вой настоя́щего вре́мени на j (й) фо́рма повели́тельного наклоне́ния ед. числа́ совпада́ет с осно́вой:

по j—ут→пой (ед. ч.), по́йте (мн. ч.)

У не́которых глаго́лов пе́ред j появля́ется *е* и́ли *о*:

бьют—бей→бе́йте

льют—лей→ле́йте

шьют—шей→ше́йте

поют—пой→по́йте

Глаго́лы, у кото́рых в осно́ве инфинити́ва име́ется су́ффикс *-ва-*, в повели́тельном наклоне́нии сохраня́ют э́тот су́ффикс: передава́ть—передава́й—передава́йте; признава́ть—признава́й—признава́йте; встава́ть—встава́й—встава́йте.

2. У глаго́лов с осно́вой настоя́щего вре́мени на согла́сный с ударе́нием не на осно́ве, повели́тельное наклоне́ние образу́ется с по́мощью су́ффикса *и*:

Инфинити́в	Наст. вре́мя	Ед. число́	Мн. число́
принести́	принесу́	принеси́	принеси́те
рассказа́ть	расскажу́	расскажи́	расскажи́те
включи́ть	включу́	включи́	включи́те

Е́сли ударе́ние на осно́ву глаго́ла, то повели́тельное наклоне́ние еди́нственного числа́ ока́нчивается на *-ь* (мя́гкий знак).

Иинфинити́в	Наст. вре́мя	Ед. число́	Мн. число́
встать	вста́ну	встань	вста́ньте
отве́тить	отве́чу	отве́ть	отве́тьте
отре́зать	отре́жу	отре́жь	отре́жьте

3. Не́которые глаго́лы образу́ют повели́тельное наклоне́ние по-осо́бому:

есть (=ку́шать)—ешь—е́шьте

е́хать—поезжа́й—поезжа́йте

лечь—ляг—ля́гте

ЗАПО́МНИТЕ!

> е́хай, е́хайте→непра́вильно

4. От не́которых глаго́лов повели́тельное наклоне́ние не образу́ется: *слы́шать, ви-*

деть, *зави́сеть* и други́е.

5. Повели́тельное наклоне́ние мо́жет быть образо́ванно с по́мощью части́ц *да*, *пуска́й* (*пусть*) и глаго́ла тре́тьего лица́ еди́нственного числа́ настоя́щего и́ли бу́дущего вре́мени: *Да живёт и здра́вствует* на́ша земля́! *Пуска́й* она́ принесёт э́ти кни́ги! *Пусть* он расска́жет стихотворе́ние!

Употребле́ние повели́тельного наклоне́ния

Повели́тельное наклоне́ние мо́жет передава́ть разли́чные значе́ния: необходи́мость, обяза́тельность, жела́тельность де́йствия.

Глаго́лы несоверше́нного ви́да в повели́тельном наклоне́нии мо́гут обознача́ть побужде́ние к де́йствию, про́сьбу и́ли сове́т. Де́йствие при э́том мо́жет быть дли́тельным и́ли повторя́ющимся: *Встава́йте* ра́но, *де́лайте* гимна́стику.

Глаго́лы соверше́нного ви́да в фо́рме повели́тельного наклоне́ния обознача́ют категори́ческую про́сьбу, прика́з и́ли тре́бование. Де́йствие при э́том представля́ется зако́нченным: *Принеси́те*, пожа́луйста, кни́ги. *Вы́йди* за дверь!

С отрица́нием в фо́рме повели́тельного наклоне́ния обы́чно употребля́ется глаго́л несоверше́нного ви́да:

Подожди́ меня́. — *Не жди* меня́.

Расскажи́те мне. — *Не расска́зывайте* мне.

Глаго́лы соверше́нного ви́да в повели́тельном наклоне́нии име́ют значе́ние предупрежде́ния, предостереже́ния: Не боле́й! Не простуди́сь!

В разгово́рной ре́чи ча́сто употребля́ется сло́во *смотри́* (*–те*), кото́рое уси́ливает значе́ние предостереже́ния: *Смотри́* не упади́! *Смотри́* не опозда́й!

Зада́ние. Прочита́йте отры́вок из «А́лых парусо́в» А. С. Гри́на. Обрати́те внима́ние на употребле́ние изъяви́тельного, сослага́тельного и повели́тельного наклоне́ний. Объясни́те их образова́ние.

Огро́мный дом, в кото́ром роди́лся Грэй, был мра́чен внутри́ и великоле́пен снару́жи.

Зна́тная да́ма Лилиа́н Грэй, остава́ясь наедине́ с ма́льчиком, де́лалась про́сто ма́мой.

Она́ реши́тельно не могла́ в чём бы то ни бы́ло отказа́ть ему́. Она́ проща́ла ему́ всё. . .

О́сенью, на пятна́дцатом году́ жи́зни, Арту́р Грэй та́йно поки́нул дом. Вско́рости из по́рта Ду́бельт вы́шла в Марсе́ль шху́на "Ансе́льм", увозя́ ю́нгу с ма́ленькими рука́ми и вне́шностью переоде́той де́вочки. Э́тот ю́нга был Грэй. . .

В Ванку́вере Грэ́я пойма́ло письмо́ ма́тери, по́лное слёз и стра́ха. Он отве́тил: "Я зна́ю. Но е́сли бы ты ви́дела, как я; посмотри́ мои́ми глаза́ми. Е́сли бы ты слы́шала, как я: приложи́ к у́ху ра́ковину: в ней шум ве́чной волны́; е́сли бы ты люби́ла, как я — всё, что в твоём письме́ я нашёл бы, кро́ме любви́ и че́ка, — улы́бку. . . " И он продолжа́л пла́вать.

ЗАПÓМНИТЕ!

в чём бы то ни было = ни в чём

РАЗДЕ́Л 3　ИНФОКОММУНИКАЦИÓННЫЕ ТЕХНОЛÓГИИ И СИСТЕ́МЫ СВЯ́ЗИ

СИСТЕ́МЫ АВТОМАТИ́ЧЕСКОГО УПРАВЛЕ́НИЯ

Зада́чами автомати́ческих систе́м управле́ния (и автоматиза́ции в це́лом) явля́ется модели́рование разли́чных динами́ческих систе́м и разрабо́тка систе́м управле́ния, кото́рые заставля́ют рабо́тать динами́ческие систе́мы ну́жным о́бразом. Для созда́ния таки́х устро́йств мо́гут испо́льзоваться электри́ческие схе́мы, проце́ссоры цифрово́й обрабо́тки сигна́лов, микроконтро́ллеры и программи́руемые логи́ческие контро́ллеры. Систе́мы управле́ния име́ют широ́кую о́бласть примене́ния от систе́м, встра́иваемых в энергети́ческие устано́вки (наприме́р, на комме́рческих авиала́йнерах), автома́тов постоя́нной ско́рости (име́ющихся во мно́жестве совреме́нных автомоби́лей) и ЧПУ (числово́е програ́ммное управле́ние) в станка́х до систе́м управле́ния на ба́зе промы́шленных ПК (персона́льный компью́тер) в автоматиза́ции промы́шленного произво́дства.

Инжене́ры ча́сто испо́льзуют обра́тную связь при проекти́ровании систе́м управле́ния. Наприме́р, в автомоби́ле с автома́том постоя́нной ско́рости ско́рость тра́нспортного сре́дства постоя́нно отсле́живается и да́нные передаю́тся систе́ме, кото́рая соотве́тственно регули́рует выходну́ю мо́щность дви́гателя. Если име́ется станда́ртная систе́ма обра́тной свя́зи, мо́жно испо́льзовать тео́рию управле́ния для определе́ния того́, как систе́ма должна́ реаги́ровать на поступа́ющую информа́цию.

Нóвые словá

автомати́ческий	自动的	комме́рческий	商业的,商用的
автоматиза́ция	自动化	авиала́йнер	大型客机
модели́рование	模拟	автома́т	自动装置
динами́ческий	动力的,动力学的	ско́рость	速度(阴)
заставля́ть/заста́вить	迫使	автомоби́ль	汽车(阳)
испо́льзоваться	应用	схе́ма	线路图,示意图
ЧПУ (числово́е програ́ммное управле́ние)	数字程序控制		
проце́ссор	处理器,处理程序	тра́нспортный	运输的
микроконтро́ллер	微型控制器	отсле́живаться	跟踪观察
логи́ческий	逻辑的	да́нные	[复]数据

контро́ллер	控制器	регули́ровать	调整
встра́иваемый	内置式的,嵌入式的	выходна́я мо́щность	输出功率
энергети́ческий	动力的,能源的	дви́гатель	发动机(阳)
устано́вка	装置	реаги́ровать	反应
ПК(персона́льный компью́тер)	个人电脑		

Зада́ния к те́ксту

1. Переведи́те словосочета́ния на ру́сский язы́к.

(1) 控制系统

(2) 数字化信号处理器

(3) 应用领域

(4) 动力装置

(5) 商用大型客机

(6) 工业生产

(7) 交通手段

(8) 发动机功率

(9) 标准化系统

(10) 接收信息

2. Переведи́те словосочета́ния на кита́йский язы́к.

(1) автомати́ческая систе́ма

(2) в це́лом

(3) динами́ческая систе́ма

(4) электри́ческая схе́ма

(5) логи́ческий контро́ллер

(6) постоя́нная ско́рость

(7) совреме́нный автомоби́ль

(8) на ба́зе

(9) обра́тная связь

(10) выходна́я мо́щность

3. Отве́тьте на вопро́сы.

(1) Что явля́ется зада́чами автомати́ческих систе́м управле́ния?

(2) Что мо́жно испо́льзоваться для созда́ния устро́йств?

(3) Что инжене́ры ча́сто испо́льзуют при проекти́ровании систе́м управле́ния?

УРÓК 2

РАЗДЕ́Л 1   ТЕКСТ

ГОСУДА́РСТВЕННЫЕ СИ́МВОЛЫ РОССИ́ЙСКОЙ ФЕДЕРА́ЦИИ

Госуда́рственные си́мволы Росси́и—э́то устано́вленные зако́нами отличи́тельные зна́ки госуда́рства. К ним отно́сятся госуда́рственные герб, гимн и флаг.

Герб Росси́и представля́ет собо́й изображе́ние золото́го двугла́вого орла́, помещённого на кра́сном щите́; над орло́м—три истори́ческие коро́ны Петра́ Вели́кого; в ла́пах орла́—ски́петр и держа́ва; на груди́ орла́ на кра́сном щите́—вса́дник, поража́ющий копьём змея́. Орёл символизи́рует ориента́цию госуда́рства на высо́кий и го́рдый полёт, на значи́тельность в мирово́м соо́бществе. Одна́ голова́ двугла́вого орла́ смо́трит на за́пад, друга́я—на восто́к, что объясня́ется географи́ческим положе́нием Росси́и, кото́рая располага́ется в двух частя́х све́та. Таки́м о́бразом, двугла́вый орёл мо́жет име́ть значе́ние "и Евро́па, и А́зия", а мо́жет зна́чить, наоборо́т, "не Евро́па и не А́зия", говоря́ о том, что в Росси́и существу́ет осо́бая национа́льная психоло́гия, кото́рая отлича́ется как от европе́йской, так и от азиа́тской. Компози́ция из трёх коро́н в гербе́ Росси́и ста́ла изобража́ться с 1625 го́да. Царь Алексе́й Миха́йлович объясня́л э́то дополне́ние присоедине́нием к Руси́ трёх царств: Сиби́рского, Каза́нского и Астраха́нского. Сего́дня три коро́ны олицетворя́ют три ве́тви вла́сти: законода́тельную, исполни́тельную и суде́бную. На груди́ орла́ помещён щит с изображе́нием вса́дника, поража́ющего копьём крыла́того змея́. Со времён Петра́ I э́того вса́дника называ́ют Святы́м Гео́ргием, счита́вшимся покрови́телем Росси́и, си́мволом борьбы́ добра́ со злом.

Совреме́нный госуда́рственный гимн Росси́йской Федера́ции утверждён в ма́рте 2001 го́да, гимн осно́ван на му́зыке и те́ксте ги́мна Сою́за сове́тских социалисти́ческих респу́блик (СССР). А́втор му́зыки—Алекса́ндр Алекса́ндров, а́втор стихо́в—Серге́й Михалко́в. Гимн явля́ется си́мволом еди́нства наро́да, отража́ет чу́вства патриоти́зма, уваже́ния к исто́рии страны́. Госуда́рственный гимн Росси́йской Федера́ции исполня́ется во вре́мя торже́ственных церемо́ний и други́х мероприя́тий, кото́рые прово́дят госуда́рственные о́рганы. При публи́чном исполне́нии ги́мна прису́тствующие выслу́шивают его́ сто́я, мужчи́ны—без головны́х убо́ров.

Госуда́рственный флаг Росси́йской Федера́ции представля́ет собо́й прямоуго́льное поло́тнище, состоя́щее из трёх горизонта́льных равновели́ких поло́с: ве́рхней—бе́лого, сре́дней—си́него, ни́жней—кра́сного цвето́в. Флаг Росси́йской Федера́ции устано́влен федерáльным конституцио́нным зако́ном от 25 декабря́ 2000 го́да. Официáльно бéло - си́не - крáсный флаг был утверждён как госудáрственный флаг Росси́и ещё накану́не корона́ции Никола́я II в 1896 году́. Бéлый, си́ний и крáсный цвета́ с дрéвних времён на Ру́си имéли свои́ значéния: бéлый цвет—благоро́дство и откровéнность; си́ний цвет—вéрность, чéстность, безупрéчность и целому́дрие; крáсный цвет—му́жество, смéлость, великоду́шие и любóвь. Со врéменем сложи́лась нарóдная легéнда о том, что бéлый цвет на фла́ге—божéственный, недостижи́мый, си́ний—небéсный, духóвный, крáсный—земнóй, человéческий. Национáльный флаг Росси́и имéет назвáние "триколóр" (три цвéта).

Задáния к тéксту

I. Вы́учите нóвые слова́ и словосочета́ния.

си́мвол	符号	покрови́тель	庇护者(阳)
герб	徽章	церемóния	仪式
гимн	国歌	корона́ция	加冕礼
флаг	旗	полóтнище	(布匹的)幅
щит	纹章盾	благорóдство	高尚,高雅
корóна	王冠	откровéнность	坦率(阴)
ски́петр и держа́ва	权杖与力量	вéрность	忠诚(阴)
вса́дник	骑手	трансли́роваться	广播
копьё	矛	чéстность	诚实(阴)
безупрéчность	完美(阴)	ца́рственность	威严,雄伟(阴)
целому́дрие	纯洁	смéлость	勇气(阴)
му́жество	英勇	олицетворя́ть	
великоду́шие	宽宏大量	(=символизи́ровать)	象征

II. *Отвéтьте на вопрóсы.*

А.

1. Что изображенó на гербé Росси́и?

2. Где мóжно уви́деть герб Росси́и?

3. Что такóе госудáрственный гимн?

4. Кто áвтор му́зыки и слов соврéменного ги́мна Росси́и?

5. Какóго цвéта флаг Росси́и?

Б.

1. Что изображенó на гербé вáшей страны́?

2. Где мóжно уви́деть герб вáшей страны́?

3. Когда́ был напи́сан госудáрственный гимн вáшей страны́? Вы зна́ете егó слова́?

4. Когда́ мóжно услы́шать гимн вáшей страны́?

5. Какóго цвéта флаг вáшей страны́?

6. Каки́е ещё си́мволы Росси́и вы зна́ете?

III. Запо́лните про́пуски в соотве́тствии с содержа́нием те́кста.

1. На гербе́ Росси́и изображён золото́й _____ орёл.

2. Одна́ голова́ двугла́вого орла́ смо́трит на _____, друга́я—на восто́к.

3. На груди́ орла́ помещён щит с изображе́нием _____.

4. Госуда́рственный гимн Росси́йской Федера́ции исполня́ется во вре́мя торже́ственных _____ и други́х мероприя́тий, кото́рые прово́дят госуда́рственные о́рганы.

5. Национа́льный флаг Росси́и име́ет назва́ние _____ (три цве́та).

IV. Соедини́те слова́ и словосочета́ния с их определе́нием, объясне́нием(Табли́ца 2. 1).

Табли́ца 2. 1

Слова́ и словосочета́ния	Определе́ние, объясне́ние
герб, гимн, флаг	си́мвол еди́нства наро́да, отража́ет чу́вства патриоти́зма
орёл на гербе́ Росси́и	три ве́тви вла́сти: законода́тельную, исполни́тельную и суде́бную
три коро́ны на гербе́ Росси́и	прямоуго́льное полотни́ще, состоя́щее из трёх горизонта́льных равновели́ких поло́с
Свято́й Гео́ргий	отличи́тельные зна́ки госуда́рства
гимн Росси́и	ориента́ция госуда́рства на высо́кий и го́рдый полёт, на значи́тельность в мирово́м соо́бществе
флаг Росси́и	покрови́тель Росси́и, си́мвол борьбы́ добра́ со злом

V. Прочита́йте предложе́ния. Вы согла́сны с тем, что напи́сано? Е́сли нет, то испра́вьте оши́бки.

1. Герб Росси́и представля́ет собо́й изображе́ние двугла́вого орла́, помещённого на золото́м геральди́ческом щите́.

2. На груди́ орла́ помещён щит с изображе́нием вса́дника, поража́ющего копьём крыла́того зме́я.

3. Совреме́нный госуда́рственный гимн Росси́йской Федера́ции утверждён в ма́рте 2011 го́да.

4. При публи́чном исполне́нии ги́мна прису́тствующие выслу́шивают его́ си́дя, мужчи́ны—без головны́х убо́ров.

5. Бе́лый, зелёный и кра́сный цвета́ ча́ще други́х испо́льзовались в Росси́и.

РАЗДЕ́Л 2　ГРАММА́ТИКА

ВРЕ́МЯ ГЛАГО́ЛА

Глаго́л в ру́сском языке́ име́ет сле́дующие граммати́ческие катего́рии: вид, зало́г, наклоне́ние, вре́мя, лицо́, число́ и в проше́дшем вре́мени катего́рию ро́да.

Настоя́щее вре́мя ука́зывает на совпаде́ние де́йствия с моме́нтом ре́чи, т. е. де́йствие происхо́дит в настоя́щее вре́мя, сейча́с, в э́тот моме́нт, сего́дня: Я *чита́ю*. Брат *пи́шет* письмо́.

Фо́рма настоя́щего вре́мени есть то́лько у глаго́лов несоверше́нного ви́да.

Настоя́щее вре́мя образу́ется путём присоедине́ния к осно́ве глаго́ла ли́чных оконча́ний (Табли́ца 2.2).

Табли́ца 2. 2

Спряже́ние	Еди́нственное число́			Мно́жественное число́		
	я	ты	он (она́, оно́)	мы	вы	они́
I спр.	пишу́	пи́ш–ешь	пи́ш–ет	пи́ш–ем	пи́ш–ете	пи́ш–ут
	ду́маю	ду́ма–ешь	ду́ма–ет	ду́ма–ем	ду́ма–ете	ду́ма–ют
II спр.	лечу́	ле́ч–ишь	ле́ч–ит	ле́ч–им	ле́ч–ите	ле́ч–ат
	стро́ю	стро́–ишь	стро́–ит	стро́–им	стро́–ите	стро́–ят

Проше́дшее вре́мя пока́зывает, что де́йствие предше́ствовало моме́нту ре́чи, т. е. де́йствие бы́ло в про́шлом, вчера́: Я *писа́л* письмо́. Он *расска́зывал* интере́сно. Вчера́ я *написа́л* письмо́. Он прекра́сно *рассказа́л* текст.

Проше́дшее вре́мя глаго́лов несоверше́нного и соверше́нного ви́дов образу́ются от осно́вы инфинити́ва с по́мощью су́ффикса –л и родово́го оконча́ния (Табли́ца 2.3).

Табли́ца 2. 3

Инфинити́в: писа́ть—написа́ть				
Род	Еди́нственное число́	Оконча́ние	Мно́жественное число́	Оконча́ние
М. р.	писа́–л написа́–л	"0"	мы/ вы/ они́ писа́–л–и написа́–л–и	–и
Ж. р.	писа́–л–а написа́–л–а	–а		
Ср. р.	писа́–л–о написа́–л–о	–о		

У возвра́тных глаго́лов сохраня́ется части́ца *–ся* по́сле согла́сного, *–сь*—по́сле гла́сного: *оде́ться*—он оде́лся, она́ оде́лась, они́ оде́лись.

Глаго́лы в проше́дшем вре́мени изменя́ются по рода́м, но не изменя́ются по ли́цам. На лицо́ ука́зывает ли́чное местоиме́ние: *Он чита́л* текст. *Она́ вы́учила* стихотворе́ние.

Не́которые глаго́лы образу́ют проше́дшее вре́мя ина́че.

ЗАПÓМНИТЕ!

везти—вёз, везла́, везло́; везли́

нести—нёс, несла́, несло́; несли́ → на-*з/с*

жечь—жёг, жгла, жгло; жгли → на-*чь*

тере́ть—тёр, тёрла, тёрло; тёрли → на-*ере-*

мёрзнуть—мёрз, мёрзла, мёрзло; мёрзли → на-*ну*

грести́—грёб, гребла́, гребло́; гребли́

расти́—рос, росла́, росло́; росли́

идти́—шёл, шла, шло; шли

ошиби́ться—оши́бся, оши́блась, оши́блось; оши́блись

ушиби́ться—уши́бся, уши́блась, уши́блось; уши́блись

Бу́дущее вре́мя обознача́ет, что де́йствие бу́дет соверша́ться по́сле моме́нта ре́чи, де́йствие бу́дет в бу́дущем, за́втра, че́рез год: Я *бу́ду чита́ть* кни́гу. Я *бу́ду писа́ть* письмо́. За́втра я *прочита́ю* кни́гу. Ско́ро я *напишу́* письмо́.

Бу́дущее вре́мя образу́ется от глаго́лов соверше́нного ви́да (бу́дущее просто́е) и глаго́лов несоверше́нного ви́да (бу́дущее сло́жное) (Табли́ца 2.4 и Табли́ца 2.5).

Табли́ца 2.4

Бу́дущее просто́е вре́мя			
Еди́нственное число́		Мно́жественное число́	
я	постро́-ю поду́ма-ю	мы	постро́-им поду́ма-ем
ты	постро́-ишь поду́ма-ешь	вы	постро́-ите поду́ма-ете
он (она́, оно́)	постро́-ит поду́ма-ет	они́	постро́-ят поду́ма-ют
Просто́е бу́дущее вре́мя образу́ется от осно́вы глаго́ла соверше́нного ви́да + ли́чные оконча́ния настоя́щего вре́мени. Эти глаго́лы ука́зывают на результа́т де́йствия в бу́дущем, когда́ хотя́т вы́сказать по́лную уве́ренность в том, что де́йствие обяза́тельно произойдёт.			

Табли́ца 2.5

Бу́дущее сло́жное вре́мя					
Еди́нственное число́			Мно́жественное число́		
я	бу́ду	стро́ить ду́мать	мы	бу́дем	стро́ить ду́мать
ты	бу́дешь		вы	бу́дете	
он она́ оно́	бу́дет		они́	бу́дут	
Сло́жное бу́дущее вре́мя образу́ется от глаго́лов несоверше́нного ви́да с по́мощью вспомога́тельного глаго́ла быть в бу́дущем вре́мени + инфинити́в основно́го глаго́ла. Эта фо́рма называ́ет де́йствия дли́тельные, незавершённые и́ли повторя́ющиеся.					

ЗАПÓМНИТЕ!

В ру́сском языке́ есть глаго́лы, кото́рые не изменя́ются по ли́цам. Это безли́чные глаго́лы. Они́ обознача́ют де́йствие, кото́рое происхо́дит без уча́стия субъе́кта:

светáет, вечерéет, холодáет   →   наст. вр. ,3 л. , ед. число́;

светáло, вечерéло, холодáло   →   прош. вр. , 3 л. , ед. число́;

скóро рассветёт   →   бу́дущ. вр. , 3 л. , ед. число́.

Мне *не спи́тся*.

Весь день мне *нездоро́вилось*.

Зимо́й *рассветáет* пóздно, а *темнéет* рáно.

Зáвтра *похолодáет*.

РАЗДÉЛ 3   ИНФОКОММУНИКАЦИÓННЫЕ ТЕХНОЛÓГИИ И СИСТÉМЫ СВЯ́ЗИ

ОБРАБÓТКА СИГНÁЛОВ

Обрабóтка сигнáлов—óбласть радиотéхники, в котóрой осуществля́ется восстановлéние, разделéние информациóнных потóков, подавлéние шу́мов, сжáтие дáнных, фильтрáция, усилéние сигнáлов. Напримéр, приём сигнáла на фóне шу́ма опи́сывается в ви́де процеду́ры фильтрáции сигнáла посрéдством фи́льтра, при э́том стáвится задáча максимáльно ослáбить шу́мы и помéхи, и минимáльно исказ́ить принимáемый сигнáл.

Но́вые слова́

радиоте́хника	无线电技术	опи́сываться	记录,描述
осуществля́ться/ осуществи́ться	实行,实施	процеду́ра	程序
восстановле́ние	恢复,还原	фильтр	过滤器
разделе́ние	划分	ослабля́ть/осла́бить	衰弱,减弱
подавле́ние шу́мов	噪声抑制	поме́ха	干扰
сжа́тие да́нных	数据压缩	искажа́ть/искази́ть	歪曲
фильтра́ция	过滤	принима́емый	可认可的,可接受的
усиле́ние	放大		

Зада́ния к те́ксту

1. Переведи́те словосочета́ния на ру́сский язы́к.

(1) 噪声抑制

(2) 数据压缩

(3) 信号接收

(4) 信号过滤器

2. Переведи́те словосочета́ния на кита́йский язы́к.

(1) обрабо́тка сигна́лов

(2) информацио́нный пото́к

(3) усиле́ние сигна́лов

(4) в ви́де

(5) осла́бить шу́м

(6) принима́емый сигна́л

3. Отве́тьте на вопро́сы.

(1) Что тако́е радиоте́хника?

(2) Что мо́жет осуществля́ться в о́бласти радиоте́хники?

(3) Кака́я зада́ча ста́вится при испо́льзовании фи́льтра?

УРО́К 3

РАЗДЕ́Л 1   ТЕКСТ

РУ́ССКОЕ ДЕРЕВЯ́ННОЕ ЗО́ДЧЕСТВО（1）

Прогу́ливаясь по у́лицам росси́йских городо́в, мы мо́жем заме́тить мно́жество архитекту́рных сти́лей от ста́рых времён до на́ших дней. Ре́дко тепе́рь встре́тишь деревя́нные дома́, кото́рые счита́ются традицио́нными. Сего́дня мы поговори́м и́менно о традицио́нном направле́нии архитекту́ры—о ру́сском деревя́нном зо́дчестве.

Деревя́нное зо́дчество создава́лось неизве́стными мастера́ми на осно́ве тради́ций, кото́рые отрази́лись в культу́ре и созна́нии всего́ ру́сского наро́да. Ру́сская деревя́нная архитекту́ра широко́ распространена́ на Ко́льском полуо́строве вплоть до сре́дней полосы́, на Ура́ле и в Сиби́ри. Большинство́ па́мятников располо́жено на Ру́сском Се́вере.

Наивы́сшего разви́тия деревя́нное зо́дчество дости́гло в XV—XVIII века́х. В се́верном регио́не до́льше всего́ сохраня́лись традицио́нные приёмы. Из-за недолгове́чности де́рева немно́го па́мятников дошло́ до на́шего вре́мени.

Осно́вой ру́сского деревя́нного зо́дчества явля́ется сруб. Сруб—э́то деревя́нная констру́кция, сте́ны кото́рой со́браны из обрабо́танных（ру́бленых）брёвен. Как пра́вило, сру́бы стро́или из де́рева, сру́бленного зимо́й. Тако́е де́рево счита́лось кре́пким и здоро́вым.

И́збы

Како́й была́ традицио́нная ру́сская изба́? Ви́ды изб бы́ли разнообра́зны в зави́симости от социа́льного ста́туса челове́ка, от террито́рии и сложи́вшихся ме́стных тради́ций.

Крестья́нин, стро́я своё жили́ще, стара́лся сде́лать его́ про́чным, тёплым, удо́бным для жи́зни. Са́мый просто́й план традицио́нной избы́ представля́л собо́й одну́ большу́ю ко́мнату, кото́рую хозя́ева дели́ли на не́сколько часте́й.

У ка́ждого угла́ в до́ме бы́ло своё значе́ние в зави́симости от часте́й све́та. Са́мым гла́вным был восто́чный у́гол. Э́тот у́гол был са́мым све́тлым. Друго́й ва́жной ча́стью избы́ была́ печь. Обы́чно она́ находи́лась спра́ва и́ли сле́ва от вхо́да.

Что́бы отдели́ть основно́е помеще́ние от у́лицы и сохрани́ть тепло́, стро́или се́ни. Ме́жду сеня́ми и основны́м помеще́нием был высо́кий поро́г. Его́ де́лали высо́ким, что́бы холо́дный во́здух не проника́л в дом.

Осо́бое внима́ние уделя́ли крыльцу́. Крыльцо́ представля́ло собо́й нару́жную（ча́сто кры́тую）пристро́йку ко вхо́ду в дом. Архитекту́ра крыльца́ была́ худо́жественно и практически проду́мана, так как крыльцо́ ви́дели все прохо́жие. На крыльце́ встреча́ли и провожа́ли госте́й. Там вечера́ми собира́лась семья́ петь пе́сни и танцева́ть.

Кры́ша та́кже име́ла большо́е значе́ние. Констру́кции кры́ши бы́ли разнообра́зны. Са́мый дре́вний вид кры́ши стро́ился без гвозде́й. Са́мое ве́рхнее бревно́, кото́рое заверша́ло констру́кцию, бы́ло худо́жественно офо́рмлено скульпту́рной резьбо́й в ви́де головы́ коня́ или пти́цы. В се́верных райо́нах из бревна́ выреза́ли го́лову оле́ня.

Под кры́шей находи́лся черда́к, кото́рый испо́льзовали как кладову́ю.

Бо́лее бога́тые лю́ди стро́или хоро́мы. Хоро́мы—жилы́е деревя́нные строе́ния, просто́рный дом, обы́чно состоя́вший из отде́льных строе́ний, объединённых се́нями.

Зада́ния к те́ксту

I. Вы́учите но́вые слова́ и словосочета́ния.

зо́дчество	建筑,建筑学	модерни́зм	现代主义
печь	炉子,火炉(阴)	классици́зм	古典主义
се́ни	门厅,穿堂	сруб	木架
крыльцо́	门廊	ба́шня	塔架
гвоздь	钉子(阳)	кро́вля	房顶
изба́	小木屋	бревно́	原木
резьба́	雕刻	черда́к	阁楼
ста́вень	护窗板(阳)	кладова́я	储藏室
хоро́мы	木房,大房子		

II. Отве́тьте на вопро́сы.

1. Каки́е дома́ мо́жно встре́тить на у́лицах росси́йских городо́в?

2. Кем создава́лось деревя́нное зо́дчество?

3. Где распространена́ ру́сская деревя́нная архитекту́ра?

4. Когда́ деревя́нное зо́дчество дости́гло наивы́сшего разви́тия?

5. Почему́ до на́ших дней дошло́ всего́ лишь не́сколько па́мятников?

6. Что явля́ется осно́вой деревя́нного зо́дчества?

7. Назови́те са́мые ва́жные ча́сти избы́.

III. Запо́лните про́пуски в соотве́тствии с содержа́нием те́кста.

1. Деревя́нное зо́дчество создава́лось _____ мастера́ми на осно́ве тради́ций.

2. Большинство́ па́мятников располо́жено на Ру́сском _____.

3. Наивы́сшего разви́тия деревя́нное зо́дчество дости́гло в _____ века́х.

4. Как пра́вило, сру́бы стро́или из де́рева, сру́бленного _____.

5. Резьбо́й обы́чно украша́ли _____ о́кон, две́ри, углы́ до́ма.

6. Са́мым гла́вным в избе́ был _____ у́гол.

IV. Соедини́те слова́ и словосочета́ния с их определе́нием, объясне́нием (Табли́ца 3. 1).

Табли́ца 3. 1

Слова́ и словосочета́ния	Определе́ние, объясне́ние
деревя́нное зо́дчество	просто́рный дом
сруб	традицио́нный стиль архитекту́ры
изба́	стена́, выходя́щая на у́лицу
крыльцо́	кладова́я
черда́к	обы́чно одна́ больша́я ко́мната, кото́рую дели́ли на не́сколько часте́й
фаса́д	нару́жная пристро́йка ко вхо́ду в дом
хоро́мы	деревя́нная констру́кция, сте́ны кото́рой со́браны из обрабо́танных брёвен

V. Прочита́йте предложе́ния. Вы согла́сны с тем, что напи́сано? Éсли нет, то испра́вьте ошибки.

1. Деревя́нное зо́дчество—э́то традицио́нный стиль жи́вописи.

2. Большинство́ па́мятников располо́жено на Ру́сском Ю́ге.

3. Сру́бы в основно́м стро́или из де́рева, сру́бленного зимо́й, так как тако́е де́рево счита́лось кре́пким и здоро́вым.

4. Что́бы отдели́ть основно́е помеще́ние от у́лицы и сохрани́ть тепло́, стро́или крыльцо́.

5. Са́мый дре́вний вид кры́ши стро́ился без гвозде́й.

РАЗДЕ́Л 2   ГРАММА́ТИКА

СПРЯЖЕ́НИЕ ГЛАГО́ЛА

Глаго́лы в ру́сском языке́ меня́ются по ли́цам, т. е. спряга́ются. Существу́ет два ти́па спряже́ния глаго́лов: I и II спряже́ния.

Обрати́те внима́ние на оконча́ния глаго́лов I и II спряже́ний.

I спряже́ние	
идти́—инфинити́в	
Еди́нственное число́	Мно́жественное число́
я иду́	мы идём
ты идёшь	вы идёте
он/она́ идёт	они́ иду́т

II спряже́ние	
ви́деть—инфини́тив	
Еди́нственное число́	Мно́жественное число́
я ви́жу	мы ви́дим
ты ви́дишь	вы ви́дите
он∕она́ ви́дит	они́ ви́дят

ЗАПО́МНИТЕ!

Е́сли оконча́ние глаго́ла уда́рное, то э́то глаго́л I спряже́ния. Запо́мните, что глаго́лы на –*ить* в инфинити́ве, кро́ме глаго́ла *брить*, и 11 глаго́лов: *гнать, ненави́деть, держа́ть, оби́деть, смотре́ть, терпе́ть, ви́деть, зави́сеть, верте́ть, слы́шать, дыша́ть*— отно́сятся ко II спряже́нию. Все остальны́е глаго́лы отно́сятся к I спряже́нию.

II спряже́ние	I спряже́ние
Глаго́лы на –*ить* (кро́ме *брить*).	Глагол *брить*.

РАЗДЕЛ 3　ИНФОКОММУНИКАЦИО́ННЫЕ ТЕХНОЛО́ГИИ И СИСТЕ́МЫ СВЯ́ЗИ

ТЕЛЕКОММУНИКА́ЦИЯ

Телекоммуника́ция—это переда́ча зна́ков, сигна́лов, сообще́ний, пи́сьменного те́кста, изображе́ний, зву́ков или све́дений любо́го ро́да посре́дством проводны́х, ра́дио–опти́ческих и́ли други́х электромагни́тных систе́м. Телекоммуника́ция происхо́дит, когда́ при обме́не информа́цией ме́жду уча́стниками свя́зи испо́льзуются технологии. Переда́ча происхо́дит ли́бо электри́чески че́рез физи́ческие носи́тели, таки́е как ка́бели, ли́бо с по́мощью электромагни́тного излуче́ния. Пути́ схо́жих переда́ч ча́сто разделены́ на кана́лы свя́зи, что составля́ет преиму́щества мультиплекси́рования. Этот те́рмин ча́сто испо́льзуется во мно́жественном числе́—телекоммуника́ции, поско́льку включа́ет в себя́ мно́жество разли́чных техноло́гий.

Нóвые словá

телекоммуникáция	远程通信,电信学	кáбель	电缆(阳)
передáча	传输	излучéние	辐射
знак	信号,符号	схóжий	类似的,相合的
сообщéние	通信,消息	разделя́ть/раздели́ть	分成
изображéние	图像	канáл свя́зи	通信波道
мéжду	(前,五格)在…… 中间	составля́ть/ состáвить	构成
проводнóй	导线的,有线的	преиму́щество	优势
происходи́ть/ произойти́	发生	мультиплекси́- рование	多路传输
электромагни́тный	电磁的	тéрмин	术语
обмéн	交换	поскóльку	既然,因为
свéдение	消息,资料	включáть/ включи́ть	包括
учáстник	参与者	мнóжество	多数
рáдио−опти́ческий	无线光电学的	разли́чный	不同的
носи́тель	载体(阳)	технолóгия	工艺学

Задáния к тéксту

1. Переведи́те словосочетáния на ру́сский язы́к.

(1)有线电磁系统

(2)信息交换

(3)通信参与方

(4)传输路径

(5)通信波道

(6)包括

2. Переведи́те словосочетáния на китáйский язы́к.

(1) передáча знáков

(2) пи́сьменный текст

(3) любóй род

(4) рáдио−опти́ческая электромагни́тная систéма

(5) физи́ческий носи́тель

(6) электромагни́тное излучéние

(7) мнóжественное числó

3. Отве́тьте на вопро́сы.

(1) Что тако́е телекоммуника́ция?

(2) Как телекоммуника́ция передаёт поток зна́ков, сигна́лов, сообще́ний, пи́сьменного те́кста, изображе́ний, зву́ков или све́дений?

(3) Когда́ происхо́дит телекоммуника́ция?

(4) Почему́ сло́во “телекоммуника́ция” ча́сто испо́льзуется во мно́жественном числе́?

УРО́К 4

РАЗДЕ́Л 1 ТЕКСТ

РУ́ССКОЕ ДЕРЕВЯ́ННОЕ ЗО́ДЧЕСТВО (2)

Кро́ме жилы́х домо́в, в Росси́и из де́рева стро́или мосты́ и фортификацио́нные сооруже́ния. Археологи́ческие раско́пки в Но́вгороде обнару́жили деревя́нные водопрово́ды и мостовы́е. Интере́сно, что у́лицы в Но́вгороде мости́ли уже́ в X ве́ке.

“Оборо́нное зо́дчество—одна́ из ветве́й ру́сской деревя́нной архитекту́ры, её неотъе́млемая часть. Большинство́ деревя́нных кре́постей ста́ли осно́вой для разви́тия на их ба́зе ру́сских городо́в” (Н. П. Кра́дин, 1988). Наибо́лее изве́стные строе́ния оборони́тельного деревя́нного зо́дчества—ба́шни сиби́рских остро́гов.

Для ру́сских деревя́нных укрепле́ний характе́рны таки́е ча́сти, как ров, насыпно́й вал и городски́е сте́ны. Кре́пости, как пра́вило, стро́ились на есте́ственном возвыше́нии, ча́ще всего́ на мысу́ при впаде́нии одно́й реки́ в другу́ю. Поэ́тому во мно́гих славя́нских зе́млях городски́е укрепле́ния и кре́пости именова́лись “вышгорода́ми”.

Примити́вные огражде́ния VIII—IX вв. лиша́ли враго́в возмо́жности внеза́пно ворва́ться в поселе́ние и служи́ли прикры́тием защи́тников кре́пости. Деревя́нные сте́ны ру́сских укрепле́ний, появи́вшиеся с середи́ны X ве́ка, бы́ли значи́тельно бо́лее про́чными. Они́ представля́ли собо́й бреве́нчатые сру́бы, скреплённые на определённых расстоя́ниях коро́ткими отре́зками попере́чных сте́нок. Сте́ны достига́ли в высоту́ приме́рно 3—5 м. В ве́рхней ча́сти их снабжа́ли боевы́м хо́дом в ви́де балко́на и́ли галере́и, проходя́щей вдоль стены́ с её вну́тренней стороны́.

Деревя́нное зо́дчество Дре́вней Руси́ прошло́ огро́мный путь—от примити́вного сру́ба до грандио́зных хоро́м дворца́ царя́ Алексе́я Миха́йловича в Коло́менском.

Кры́шу деревя́нных строе́ний кры́ли соло́мой, увя́занной в снопы́ (пучки́). Расщепля́ли оси́новые поле́нья на доще́чки и, сло́вно чешуёй, укрыва́ли строе́ние в не́сколько слоёв. Де́лали дерно́вые кры́ши, когда́ покры́тием служи́л перевёрнутый корня́ми кве́рху слой по́чвы с траво́й, уло́женный на бересту́. Са́мым же дороги́м покры́тием счита́лся “тёс”—обтёсанные до́ски.

Осо́бенностью древнеру́сского зо́дчества бы́ло то, что при строи́тельстве в ка́честве инструме́нта испо́льзовался то́лько топо́р. Пила́ применя́лась то́лько при вну́тренних рабо́тах, потому́ что она́ при рабо́те рвёт древе́сные воло́кна, оставля́я их откры́тыми для впи́тывания воды́. Топо́р же смина́ет воло́кна, и они́ до́льше слу́жат. Поэ́тому до сих пор в ру́сском языке́ испо́льзуется выраже́ние "сруби́ть избу́".

Возведе́нием се́льских домо́в и хозя́йственных постро́ек занима́лись са́ми жи́тели дере́вни. Секре́ты пло́тницкого де́ла передава́лись от отцо́в и де́дов подраста́ющему поколе́нию. Ма́льчики в 10 лет уже́ акти́вно помога́ли в строи́тельстве.

За дворцы́, кре́пости бра́лись пло́тницкие арте́ли. Быстрота́, с кото́рой пло́тники могли́ возводи́ть то и́ли ино́е сооруже́ние, была́ пои́стине ска́зочной. Наприме́р, немно́гим бо́лее чем за четы́ре ме́сяца в 1339 году́ вокру́г Москвы́ возвели́ мо́щные сте́ны. Э́то удиви́тельное ка́чество нашло́ отраже́ние во всем изве́стных ру́сских ска́зках, в кото́рых за ночь стро́ились дворцы́, мосты́ и́ли хоро́мы.

Зада́ния к те́ксту

I. Вы́учите но́вые слова́ и словосочета́ния.

фортификацио́нный	筑城的;防御的	бреве́нчатый	木制的
раско́пка	发掘	попере́чный	横向的
обнару́жить	发现	снабжа́ть	供应
водопрово́д	水管	про́чный	耐用的
мостова́я	马路;路面	грандио́зный	宏伟的
мости́ть	铺设	соло́ма	稻草
оборо́нный	防御的	сноп	捆
ветвь	分支(阴)	пучо́к	束
неотъе́млемый	不可剥夺的	расщепля́ть	劈裂
кре́пость	堡垒(阴)	доще́чка	小木板
остро́г	监狱	сло́вно	好像
ска́зочный	神奇的	чешуя́	鳞片
укрепле́ние	加固	дерно́вый	草皮的
ров	沟,壕	ко́рень	根(阳)
насыпно́й	散装的	по́чва	土壤
вал	围墙	тёс	薄(木)板
есте́ственный	自然的	обтёсанный	削平的
возвыше́ние	高处,高地	топо́р	斧头
мыс	海角	пила́	锯
примити́вный	简单粗糙的	рвать	撕
огражде́ние	栅栏	волокно́	纤维
лиша́ть	剥夺,夺去	смина́ть	揉皱;压碎
враг	敌人	впи́тывание	吸收
внеза́пно	突然地	возведе́ние	修建,建造
ворва́ться	闯入	арте́ль	组合(阴)

II. Ответьте на вопросы.

1. Назовите распространённые на Руси типы построек из дерева.

2. Назовите наиболее известные строения оборонительного деревянного зодчества в России.

3. Почему в России городские укрепления и крепости именовались "вышгородами"?

4. Опишите, как и чем покрывали крыши деревянных построек.

5. Откуда пошло выражение "срубить избу"?

III. Заполните пропуски в соответствии с содержанием текста.

1. Большинство деревянных _____ стали основой для развития на их базе русских городов.

2. Для русских деревянных укреплений характерны такие части, как ров, _____ вал и городские стены.

3. Деревянные стены русских укреплений, появившиеся с середины X века, были значительно более _____.

4. В верхней части стены в крепости _____ боевым ходом в виде балкона или галереи.

5. _____ сельских домов и хозяйственных построек занимались сами жители деревни.

IV. Соедините слова и словосочетания с их определением, объяснением(Таблица 4. 1).

Таблица 4. 1

Слова и словосочетания	Определение, объяснение
сказочный	как будто
артель	волшебный
фортификационный	пучок
ветвь	яма, канава
неотъемлемый	крепкий, сильный
ров	лечь в основу
сноп	вдруг
словно	великолепный
внезапно	важный, присущий, естественный
прочный	группа людей, выполняющих совместную работу
грандиозный	часть
найти отражение	оборонительный, защитный

V. Прочитайте предложения. Вы согласны с тем, что написано? Если нет, то исправьте ошибки.

1. В России из дерева строили только жилые дома.

2. Ýлицы в Нóвгороде мостѝли ужé в X вéке.

3. Начáлом деревя́нного зóдчества в Дрéвней Русѝ считáется примитѝвный сруб.

4. Сáмым дорогѝм тѝпом крѵши явля́лась дернóвая крѵша.

5. При строѝтельстве использовались тóлько пѝлы.

6. Возведéнием деревя́нных построéк занимáлись плóтницкие артéли.

РАЗДÉЛ 2　ГРАММÁТИКА

ОБРАЗОВÁНИЕ ГЛАГÓЛОВ

В совремéнном рýсском языкé существýет три спóсоба образовáния нóвых глагóлов.

1. *Префиксáльный*: стрóить—застрóить, надстрóить, перестрóить.

2. *Суффиксáльный*: этим спóсобом мóгут быть образóваны нóвые глагóлы от дрýгих частéй рéчи.

От существѝтельных:

дéло—дéлать　　беcéда—беcéдовать

игрá—игрáть　　ночь—ночевáть

бедá—бéдствовать　　печáль—печáлить

трáнспорт—транспортѝровать　　боль—болéть

ирóния—иронизѝровать

От прилагáтельных:

дешёвый—дешевéть

весёлый—веселѝть

3. *Префиксáльно-суффиксáльный*: этим спóсобом мóгут быть образóваны нóвые глагóлы от глагóлов и другѝх частéй рéчи.

От глагóлов: гуля́ть—разгýл-ива-ть.

От существѝтельных: орýжие—обез-орýж-и-ть.

От прилагáтельных: живóй—о-жив-ѝ-ть.

ПРОВЕРЬТЕ СЕБЯ

Задание 1. Расскажите о глаголе, используя данную схему (Рис. 4. 1). Приведите примеры.

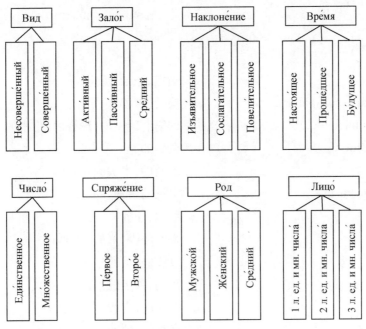

Рис. 4. 1

Задание 2. Ответьте на вопросы.

(1) Какова синтаксическая функция глагола?

(2) Какую роль играет глагол в словосочетании?

РАЗДЕЛ 3   ЖЕЛЕЗНОДОРОЖНЫЙ ТРАНСПОРТ

ОПОРЫ КОНТАКТНОЙ СЕТИ

Опоры контактной сети служат для закрепления поддерживающих и фиксирующих устройств контактной сети, воспринимающие нагрузку от проводов. Их выполняют железобетонными, металлическими и деревянными. Наиболее распространены в нашей стране железобетонные и металлические опоры.

В зависимости от назначения опоры контактной сети бывают консольные, промежуточные и переходные, анкерные, фиксирующие и фидерные. По конструкции опоры бывают цельные (без фундамента), раздельные и съёмные. Железобетонные опоры с целью уменьшения расхода металла изготовляют с предварительным натяжением арматуры (струнобетонные опоры). Металлические опоры выполняют в виде четырёхгранных ферм пирамидальной формы. На отечественных железных дорогах применяют в основном опоры контактной сети из предварительно напряжённого железобетона, конические центрифуги́рованные, станда́ртной длины́ 10,8;13,6;15,6 м. Металли́ческие опо́ры обы́чно устана́вливают в тех слу́чаях, когда́ по несу́щей спосо́бности и́ли по разме́рам невозмо́жно испо́льзовать железобето́нные. Деревя́нные опо́ры применя́ют в ре́дких слу́чаях то́лько как вре́менные.

Но́вые слова́

фикси́ровать	固定;记录;规定
воспринима́ть∕восприня́ть	接受,理解
железобето́нный	钢筋混凝土的;理智的,稳重的
металли́ческий	金属的
деревя́нный	木质的,木头的
распространённый	常见的,普遍的
назначе́ние	用途,任务
консо́льный	张臂的,悬臂的,外伸的
перехо́дный	过渡的;可通过的
а́нкерный	锚的,锚定的
фи́дерный	馈线的,支线的
це́льный	完整的,纯的
фунда́мент	基础,基座
разде́льный	单独的,分开的
съёмный	可拆卸的
уменьше́ние	减少,缩小
расхо́д	分散;费用;消耗
изготовля́ть∕изгото́вить	制造,制作
предвари́тельный	预先的,初步的
натяже́ние	拉紧;张力,拉力
армату́ра	配件;电枢;灯具;钢筋
струнобето́нный	钢弦混凝土制的
четырёхгра́нный	四面的,四方的
фе́рма	桁架;构架;横梁;牧场
пирамида́льный	棱锥的,金字塔形的
применя́ть∕примени́ть	应用;采用
кони́ческий	圆锥的,锥形的
центрифуги́рованный	离心的
станда́ртный	标准的

выполня́ть╱вы́полнить   履行,完成

Зада́ния к те́ксту

1. Отве́тьте на вопро́сы.

(1) Для чего́ слу́жат опо́ры конта́ктной се́ти?

(2) Каки́е опо́ры конта́ктной се́ти наибо́лее распространены́ в Росси́и?

(3) Каки́е опо́ры конта́ктной се́ти быва́ют в зави́симости от назначе́ния? А по констру́кции?

(4) Каки́е опо́ры конта́ктной се́ти применя́ют в основно́м на росси́йских желе́зных доро́гах?

(5) Когда́ обы́чно устана́вливают металли́ческие опо́ры? В каки́х слу́чаях?

2. Переведи́те словосочета́ния на ру́сский язы́к.

(1) 接触网支柱

(2) 悬臂式电杆

(3) 中间电杆

(4) 跨越电杆

(5) 锚式电杆

3. Переведи́те сле́дующие предложе́ния на кита́йский язы́к.

(1) Опо́ры конта́ктной се́ти слу́жат для закрепле́ния подде́рживающих и фикси́рующих устро́йств конта́ктной се́ти, воспринима́ющие нагру́зку от про́водов.

(2) В зави́симости от назначе́ния опо́ры конта́ктной се́ти быва́ют консо́льные, промежу́точные и перехо́дные, а́нкерные, фикси́рующие и фи́дерные. По констру́кции опо́ры быва́ют це́льные (без фунда́мента), разде́льные и съёмные.

(3) На росси́йских желе́зных доро́гах применя́ют в основно́м опо́ры конта́ктной се́ти из предвари́тельно напряжённого железобето́на, кони́ческие центрифуги́рованные, станда́ртной длины́ 10,8; 13,6; 15,6 м.

(4) Металли́ческие опо́ры обы́чно устана́вливают в тех слу́чаях, когда́ по несу́щей спосо́бности и́ли по разме́рам невозмо́жно испо́льзовать железобето́нные.

УРО́К 5

РАЗДЕ́Л 1 ТЕКСТ

ЗОЛОТО́Й ВЕК РУ́ССКОЙ ЛИТЕРАТУ́РЫ (1)

"Ме́жду рожде́нием Пу́шкина и сме́ртью Че́хова умести́лся це́лый век, золото́й век ру́сской класси́ческой литерату́ры" (литературове́д В. Б. Ката́ев).

Мно́жество велича́йших произведе́ний ру́сской литерату́ры, благодаря́ кото́рым её зна́ют во всём ми́ре, бы́ли напи́саны в XIX ве́ке. И́менно э́тот век называ́ют Золоты́м ве́ком ру́сской литерату́ры.

Писа́тели Золото́го ве́ка обраща́ли внима́ние на поро́ки (сла́бости, недоста́тки, оши́бки) о́бщества, на истори́ческие измене́ния, на ва́жные собы́тия в госуда́рстве, на настоя́щие чу́вства и эмо́ции челове́ка.

К э́той эпо́хе отно́сятся произведе́ния Е. А. Бараты́нского, А. С. Грибое́дова, Ф. М. Достое́вского, И. А. Гончаро́ва, Н. В. Го́голя, И. А. Крыло́ва, М. Ю. Ле́рмонтова, А. Н. Остро́вского, А. С. Пу́шкина, М. Е. Салтыко́ва-Щедрина́, Л. Н. Толсто́го, И. С. Турге́нева, Ф. И. Тю́тчева, А. П. Че́хова и т. д.

В са́мом нача́ле XIX ве́ка не так мно́го люде́й уме́ли чита́ть, среди́ них бы́ли те, кто не понима́л сло́жный язы́к литерату́ры. Поэ́тому не́которые писа́тели, наприме́р, Н. М. Карамзи́н, хоте́ли сде́лать кни́жный язы́к про́ще. Совмеще́нием обы́чного, повседне́вного языка́ и сло́жной кни́жной ре́чи продо́лжили занима́ться писа́тели в литерату́рном о́бществе "Арзама́с". Э́то бы́ли В. А. Жуко́вский, К. Н. Ба́тюшков, П. А. Вя́земский, А. С. Пу́шкин и други́е.

На карти́не Г. Г. Чернецо́ва, напи́санной в 1832 году́, вы мо́жете уви́деть писа́телей: И. А. Крыло́ва, А. С. Пу́шкина, В. А. Жуко́вского и Н. И. Гне́дича—все представи́тели Золото́го ве́ка.

Литерату́рные произведе́ния печа́тали в таки́х мо́дных журна́лах, как 《Оте́чественные запи́ски》《Совреме́нник》《Моско́вский ве́стник》《Москвитя́нин》. Литерату́ра ста́ла обще́ственной го́рдостью и достоя́нием.

"Пу́шкин—на́ше всё" (*А. А. Григо́рьев*).

Са́мым я́рким представи́телем Золото́го ве́ка явля́ется Алекса́ндр Серге́евич Пу́шкин. В лице́е он не люби́л учи́ться, он люби́л чита́ть и писа́ть стихи́. За 37 лет жи́зни Пу́шкин написа́л 427 те́кстов: 360 стихотворе́ний, 7 ска́зок, о́коло 30 поэ́м и расска́зов, 1 рома́н в стиха́х, 7 драм, о́коло 15 стате́й. Среди́ них са́мые изве́стные произведе́ния: 《Русла́н и

Людми́ла》(1820),《Бори́с Годуно́в》(1825),《Ма́ленькие траге́дии》(1830),《Ме́дный вса́дник》(1833),《Капита́нская до́чка》(1836) и "энциклопе́дия ру́сской жи́зни"—《Евге́ний Оне́гин》, кото́рую поэ́т писа́л семь лет (1823—1830).

Кро́ме Пу́шкина, невероя́тно тала́нтливыми поэ́тами Золото́го ве́ка бы́ли М. Ю. Ле́рмонтов, Н. А. Некра́сов, А. А. Фет, Ф. И. Тю́тчев и други́е.

В середи́не XIX ве́ка развива́ется класси́ческий ру́сский теа́тр, поэ́тому мно́гие а́вторы про́буют писа́ть пье́сы. Са́мым популя́рным драмату́ргом Золото́го ве́ка стал Н. А. Остро́вский. Его́ произведе́ния 《Свои́ лю́ди—сочтёмся》(1849),《Бе́дность не поро́к》(1853),《Дохо́дное ме́сто》(1856),《Гроза́》(1859) пока́зывают пробле́мы и быт (повседне́вную жизнь) настоя́щих ру́сских люде́й, их красоту́, вну́тренний мир и осо́бенности национа́льного хара́ктера. Други́м изве́стным драмату́ргом был А. К. Толсто́й, писа́вший исключи́тельно истори́ческие пье́сы:《Смерть Иоа́нна Гро́зного》(1866),《Царь Фёдор Иоа́ннович》(1868),《Царь Бори́с》(1870).

Зада́ния к те́ксту

I. Вы́учите но́вые слова́ и словосочета́ния.

умести́ться	容纳下	го́рдость	骄傲（阴）
класси́ческая литерату́ра	古典文学	достоя́ние	财产，财富，所有物
литературове́д	文学评论家	лице́й	贵族学校
произведе́ние	作品	ска́зка	童话
поро́к	缺点	поэ́ма	史诗
о́бщество	社会	дра́ма	戏剧
эпо́ха	时代	энциклопе́дия	百科全书
повседне́вный	每天	пье́са	剧本
мо́дный	时尚的	драмату́рг	剧作家

II. Отве́тьте на вопро́сы.

1. Произведе́ния како́го ве́ка называ́ют Золоты́м ве́ком в Росси́и?

2. Почему́ э́то вре́мя называ́ют Золоты́м ве́ком ру́сской литерату́ры?

3. Кто из писа́телей стара́лся сде́лать язы́к про́ще для понима́ния чита́телями?

4. О каки́х ру́сских драмату́ргах вы слы́шали?

5. Кого́ из представи́телей Золото́го ве́ка ру́сской литерату́ры вы зна́ете, и чьи произведе́ния вы чита́ли?

6. На како́м языке́ вы чита́ли произведе́ния ру́сских писа́телей?

7. О чём писа́ли представи́тели Золото́го ве́ка?

III. Запо́лните про́пуски в соотве́тствии с содержа́нием те́кста.

1. Ме́жду рожде́нием Пу́шкина и сме́ртью Че́хова _____ це́лый век, золото́й век ру́сской класси́ческой литерату́ры.

2. Писа́тели Золото́го ве́ка обраща́ли внима́ние на _____ о́бщества.

3. Литерату́ра ста́ла обще́ственной _____ и достоя́нием.

4. Са́мые изве́стные _____ А. С. Пу́шкина—《Русла́н и Людми́ла》（1820），《Бори́с Годуно́в》（1825），《Ма́ленькие траге́дии》（1830），《Ме́дный вса́дник》（1833），《Капита́нская до́чка》（1836）и《Евге́ний Оне́гин》.

5. Одни́ми из са́мых изве́стных _____ XIX ве́ка бы́ли Н. А. Остро́вский и А. К. Толсто́й.

IV. Соедини́те слова́ и словосочета́ния с их определе́нием, объясне́нием (Табли́ца 5. 1).

Табли́ца 5. 1

Слова́ и словосочета́ния	Определе́ние, объясне́ние
Золото́й век ру́сской литерату́ры	популя́рный
поро́к	вре́мя, пери́од
произведе́ние	бу́дничный, ежедне́вный
мо́дный	сла́бость
лице́й	вре́мя ме́жду рожде́нием А. С. Пу́шкина и сме́ртью А. П. Че́хова
повседне́вный	шко́ла
эпо́ха	результа́т де́ятельности

V. Прочита́йте предложе́ния. Вы согла́сны с тем, что напи́сано? Éсли нет, то испра́вьте ошибки.

1. Мно́жество велича́йших произведе́ний ру́сской литерату́ры, благодаря́ кото́рым её зна́ют во всём ми́ре, бы́ли напи́саны в XX ве́ке.

2. Не́которые писа́тели, наприме́р, Н. М. Карамзи́н, хоте́ли сде́лать кни́жный язы́к про́ще, что́бы все лю́ди смогли́ чита́ть.

3. Литерату́рные произведе́ния в XIX веке не печа́тали в журна́лах. Их тру́дно бы́ло доста́ть и прочита́ть.

4. В лице́е А. С. Пу́шкин обожа́л учи́ться. Са́мым люби́мым его́ предме́том была́ матема́тика.

5. В середи́не XIX ве́ка развива́ется класси́ческий ру́сский теа́тр, поэ́тому мно́гие а́вторы про́буют писа́ть пье́сы.

РАЗДЕ́Л 2　　ГРАММА́ТИКА

ГЛАГО́ЛЬНЫЕ ФО́РМЫ. ПРИЧА́СТИЕ

Прича́стие—э́то неспряга́емая глаго́льная фо́рма. В те́ксте прича́стие легко́ узнаётся по су́ффиксам.

−ущ	−вш	−ем	−енн
−ющ	−ш	−им	−нн
−ащ			−т
−ящ			

Действѝтельные (актѝвные) причáстия

Образовáние актѝвных причáстий настоя́щего врéмени (Таблѝца 5.2).

Таблѝца 5.2

Инфинитѝв	3 л. мн. ч. →онѝ	Причáстие
отвечáть	отвечáют	отвечáющий (−ая, −ие)
идтѝ	идýт	идýщий (−ая, −ие)
любѝть	лю́бят	лю́бящий (−ая, −ее, −ие)
кричáть	кричáт	кричáщий (−ая, −ее, −ие)

Образовáние актѝвных причáстий прошéдшего врéмени (Таблѝца 5.3).

Таблѝца 5.3

Инфинитѝв	3 л. ед. ч. →он	Причáстие
отвечáть	отвечáл	отвечáвший (−ая, −ие)
нестѝ	нёс	нёсший (−ая, −ие)

ЗАПÓМНИТЕ!

Éсли оснóва слóва закáнчивается на глáсную бýкву, то в прошéдшем врéмени причáстие образýется с пóмощью сýффикса −вш, éсли на соглáсную, то с пóмощью сýффикса −ш.

Актѝвные причáстия настоя́щего врéмени образýются почтѝ от всех глагóлов несовершéнного вѝда с пóмощью фóрмы 3 лицá мнóжественного числá онѝ.

Актѝвные причáстия прошéдшего врéмени мóжно образовáть от оснóвы инфинитѝва (стрóить—стрóивший) ѝли от оснóвы прошéдшего врéмени едѝнственного числá (стрóил—стрóивший, нёс—нёсший).

ПРОВÉРЬТЕ СЕБЯ́

Задáние 1. От дáнных глагóлов образýйте актѝвные причáстия настоя́щего врéмени.

Образéц: изучáть—изучáют, изучáющий, изучáющая, изучáющие.

отвечáть—　　　　　борóться—　　　　　знать—

зави́сеть—	освобожда́ться—	создава́ть—
люби́ть—	защища́ться—	узнава́ть—
выходи́ть—	уси́ливаться—	передава́ть—
утвержда́ть—	улучша́ться—	отстава́ть—
стро́ить—	увели́чиваться—	тре́бовать—
стоя́ть—	ухудша́ться—	существова́ть—
жить—	уменьша́ться—	идти́—
плыть—	брать—	расти́—

Зада́ние 2. От да́нных глаго́лов образу́йте акти́вные прича́стия проше́дшего вре́мени.

Образе́ц: отвеча́ть—отвеча́л, отвеча́вший, отвеча́вшая, отвеча́вшие.

изуча́ть—	освобожда́ть—	вы́расти—
изучи́ть—	освободи́ть—	перенести́—
иска́ть—	соединя́ть—	переноси́ть—
ждать—	соедини́ть—	поги́бнуть—
начина́ть—	находи́ться—	замёрзнуть—
нача́ть—	боро́ться—	вы́сохнуть—
реша́ть—	потре́бовать—	пройти́—
реши́ть—	переда́ть—	дойти́—
войти́—	перейти́—	

Зада́ние 3. Прочита́йте отры́вок из поэ́мы А. Т. Твардо́вского 《Васи́лий Тёркин》. Назови́те прича́стия и глаго́лы, от кото́рых они́ образо́ваны.

Вспо́мним с на́ми отступа́вших,

Воева́вших год иль час,

Па́вших, бе́з вести пропа́вших,

С кем вида́лись мы хоть раз.

Провожа́вших, вновь встреча́вших,

Вам попи́ть воды́ пода́вших,

Помоли́вшихся за нас.

РАЗДЕ́Л 3   ЖЕЛЕЗНОДОРО́ЖНЫЙ ТРА́НСПОРТ

КОНТА́КТНАЯ И РЕ́ЛЬСОВАЯ СЕТЬ

В конта́ктной се́ти применя́ют ги́бкие—в ви́де стальны́х тро́сов и жёсткие—в ви́де металли́ческих ферм попере́чины. Попере́чины слу́жат для подве́шивания про́водов конта́ктной се́ти, располо́женных над не́сколькими путя́ми. Жёсткие попере́чины позволя́ют перекры́ть от трёх до восьми́, а ги́бкие от восьми́ до двадцати́ путе́й.

Ги́бкие попере́чины представля́ют собо́й систе́му тро́сов, натя́нутых ме́жду опо́рами поперёк электрифици́рованных путе́й. Попере́чные несу́щие тро́сы воспринима́ют все вертикáльные нагрýзки от прóводов цепны́х подвéсок, сáмой ги́бкой поперéчины и други́х прóводов. Для уменьшéния влия́ния изменéния температýры на положéние контáктных подвéсок по высотé поперéчные несýщие трóсы должны́ имéть стрелý провéса не мéнее 1/10 длины́ пролёта мéжду опóрами, к котóрым они́ прикреплены́. Фикси́рующие трóсы воспринимáют горизонтáльные, глáвным óбразом ветровы́е, нагрýзки (вéрхний—от несýщих трóсов цепны́х подвéсок и други́х прóводов, ни́жний—от контáктных прóводов), передавáемые чéрез фиксáторы контáктного прóвода. Констрýкция изоли́рованной ги́бкой поперéчины, трóсы котóрой электри́чески изоли́рованы от опóр, обеспéчивают возмóжность техни́ческого обслýживания контáктной сéти без отключéния напряжéния. Все трóсы ги́бкой поперéчины для регули́рования их длины́ закрепля́ют на опóрах с пóмощью стальны́х штанг с резьбóй.

Жёсткие поперéчины выполня́ются в ви́де металли́ческих констрýкций (ри́гелей), устанóвленных на двух опóрах. Таки́е поперéчины испóльзуют тáкже для размещéния на них освети́тельных прибóров и подвéшивания други́х прóводов—питáющих, отсáсывающих, освещéния и др. На стáнциях применя́ют поперéчины с фикси́рующим трóсом, на перегóнах—крóме тогó, с консóльными и фиксáторными стóйками. По сравнéнию с ги́бкими поперéчинами они́ трéбуют значи́тельно мéньших фундáментов под опóры, вслéдствие чегó расхóд материáлов и объём земляны́х рабóт при их сооружéнии уменьшáется в 2,5—3 рáза. Сбóрные констрýкции жёстких поперéчин состоя́т из двух-четырёх блóков в зави́симости от длины́ перекрывáемого пролёта (до 44 м). Жёсткие поперéчины с освещéнием имéют насти́л с пери́лами и лéстницы для подъёма на опóры обслýживающего персонáла. Соединéние ри́геля со стóйками осуществля́ется шарни́рно и́ли жёстко с пóмощью подкóсов. Недостáтками жёстких поперéчин явля́ется необходи́мость защи́ты от коррóзии металли́ческих ри́гелей при эксплуатáции и применéнии электрорепеллентнóй защи́ты (отпýгивание птиц), а тáкже ухудшéние ви́димости сигнáлов.

┌─ **Нóвые словá** ─┐

ги́бкий	柔韧的,灵活的	ри́гель	横木,横梁(阳)
стальнóй	钢的,坚硬的	освети́тельный	照明的
поперéчина	横木,横梁	перегóн	区间;转移
подвéшивание	悬挂,吊挂	стóйка	支柱,支架
перекрывáть/ перекры́ть	重新铺	прикрепля́ть/ прикрепи́ть	固定
натя́нутый	拉紧的;紧张的	вслéдствие	因为,由于
поперёк	横着	сооружéние	建筑物,工事
влия́ние	影响	сбóрный	装配的,组装的;混合的

сравне́ние	对比,比较	насти́л	铺板,面板
горизонта́ль-ный	水平的,横向的	пери́ла	[复]栏杆,扶手
ветрово́й	防风的;风的	шарни́рно	灵活转动地;铰接地
фикса́тор	定位器,固定销	подко́с	撑杆,支柱
изоли́ровать	隔离;绝缘	корро́зия	腐蚀,锈蚀
обслу́живание	服务;维护;设备	эксплуата́ция	经营,维护,管理,使用
отключе́ние	断开,切断	отпу́гивание	吓跑,吓退
шта́нга	拉杆;导电棒	ви́димость	能见度,可见度(阴)
резьба́	雕刻;螺纹	сигна́л	信号

Зада́ния к те́ксту

1. Отве́тьте на вопро́сы.

(1) Что тако́е попере́чина? Для чего́ она́ слу́жит?

(2) Чем отлича́ются жёсткие попере́чины от ги́бких попере́чин?

(3) Что представля́ют собо́й ги́бкие попере́чины?

(4) Как выполня́ются жёсткие попере́чины? Для чего́ их испо́льзуют?

(5) Каки́е недоста́тки есть у жёстких попере́чин?

2. Переведи́те словосочета́ния на кита́йский язы́к.

(1) ги́бкая попере́чина

(2) стально́й трос

(3) жёсткая попере́чина

(4) гла́вным о́бразом

(5) освети́тельный прибо́р

(6) фикси́рующий трос

3. Соста́вьте предложе́ния, испо́льзуя сле́дующие слова́ и словосочета́ния.

(1) служи́ть для чего́

(2) представля́ть собо́й что

(3) по сравне́нию с чем

(4) в зави́симости от чего́

(5) явля́ться чем

УРОК 6

РАЗДЕ́Л 1   ТЕКСТ

ЗОЛОТО́Й ВЕК РУ́ССКОЙ ЛИТЕРАТУ́РЫ (2)

Са́мые зна́чимые произведе́ния Золото́го ве́ка—э́то про́за Н. В. Го́голя, М. Ю. Ле́р-монтова, И. С. Турге́нева, А. С. Грибое́дова, Л. Н. Толсто́го, Ф. М. Достое́вского. И́менно э́ти а́вторы факти́чески со́здали совреме́нный ру́сский литерату́рный язы́к, значи́тельно измени́ли ру́сскую литерату́ру и сде́лали её невероя́тно изве́стной во всём ми́ре.

Откры́л всему́ ми́ру ру́сскую литерату́ру И. С. Турге́нев. Он рабо́тал в Евро́пе и был знако́м со мно́гими писа́телями, кото́рых познако́мил с кни́гами свои́х совреме́нников. Турге́нев пока́зывал в свои́х произведе́ниях серьёзные пробле́мы взро́слых и молоды́х, что мы ви́дим в рома́не 《Отцы́ и де́ти》 (1861), и́ли пробле́мы, существу́ющие внутри́ самого́ челове́ка, в рома́не 《Ру́дин》 (1855).

Подо́бно 《Евге́нию Оне́гину》 энциклопе́диями жи́зни Росси́и того́ ве́ка мо́жно назва́ть сле́дующие произведе́ния: поэ́му Н. В Го́голя 《Мёртвые ду́ши》 (1842), рома́н И. А. Гончаро́ва 《Обло́мов》 (1859) и, коне́чно, рома́н Л. Н. Толсто́го 《Война́ и мир》 (1873). Все они́ пока́зывают чита́телям полноту́ жи́зни ру́сского о́бщества XIX ве́ка.

Осо́бое положе́ние занима́ет тво́рчество Ф. М. Достое́вского. Его́ те́ксты полны́ филосо́фских вопро́сов, размышле́ний о добре́ и зле, о духо́вном разви́тии ли́чности. По́сле изда́ния пе́рвого рома́на 《Бе́дные лю́ди》 (1845), Достое́вского назва́ли "но́вым Го́голем". Одна́ко его́ са́мыми изве́стными произведе́ниями бы́ли и остаю́тся 《Преступле́ние и наказа́ние》 (1866), 《Идио́т》 (1867), 《Бра́тья Карама́зовы》 (1878).

Золото́й век подари́л литерату́ре не то́лько но́вый язы́к, но и но́вого геро́я. Им стал челове́к своего́ вре́мени, кото́рый рад обще́ственным и истори́ческим измене́ниям, при э́том сохраня́ет свой хара́ктер, свой вну́тренний мир. Тако́й челове́к те́сно свя́зан с жи́знью о́бщества и и́щет "мирову́ю гармо́нию". Таки́ми но́выми людьми́ бы́ли Алекса́ндр Ча́цкий (《Го́ре от ума́》), Евге́ний База́ров (《Отцы́ и де́ти》), Никола́й Росто́в (《Война́ и мир》), Григо́рий Печо́рин (《Геро́й на́шего вре́мени》) и др. Ря́дом с э́тими "но́выми людьми́" жи́ли лю́ди со ста́рыми взгля́дами на жизнь, злы́е проти́вники всех возмо́жных измене́ний жи́зни.

Коне́ц Золото́го ве́ка свя́зан с тво́рчеством А. П. Че́хова. Гла́вные геро́и его́ расска́зов, повесте́й и драм—обы́чные ("ма́ленькие") лю́ди с бога́тым вну́тренним ми́ром, они́ не лю́бят о́бщество, потому́ что не явля́ются его́ ча́стью. Че́хов стара́лся обрати́ть

внима́ние чита́телей на пробле́му добра́ и зла, прекра́сного и ужа́сного, на ма́ленькие ра́-
дости жи́зни, на её незабыва́емые дета́ли. Среди́ са́мых изве́стных произведе́ний Че́хова:
《Тоска́》(1886),《Кашта́нка》(1887),《Пала́та №6》(1892),《Челове́к в футля́ре》
(1898),《Вишнёвый сад》(1903).

XIX век стал велича́йшей эпо́хой в исто́рии Росси́и. И́менно в э́то вре́мя акти́вно
развива́лась нау́ка, жи́вопись, теа́тр, му́зыка и литерату́ра. Шеде́вры ру́сской культу́ры
ста́ли ва́жной ча́стью мирово́го иску́сства и остаю́тся актуа́льными да́же сего́дня.

Зада́ния к те́ксту

I. Вы́учите но́вые слова́ и словосочета́ния.

про́за	散文	ли́чность	个性(阴)
современ́ник	同时代的人	геро́й	英雄
филосо́фский	哲学的	гармо́ния	和谐

II. Отве́тьте на вопро́сы.

1. Кто откры́л ру́сскую литерату́ру всему́ ми́ру?

2. Опиши́те геро́я произведе́ний писа́телей Золото́го ве́ка.

3. С и́менем како́го писа́теля свя́зывают конец́ Золото́го ве́ка?

4. Кого́ из представи́телей Золото́го ве́ка ру́сской литерату́ры вы зна́ете, и чьи произ-
веде́ния вы чита́ли?

5. О чём писа́ли представи́тели Золото́го ве́ка?

III. Запо́лните про́пуски в соотве́тствии с содержа́нием те́кста.

1. Са́мые зна́чимые произведе́ния Золото́го ве́ка—э́то _____ Н. В. Го́голя, М. Ю.
Ле́рмонтова, И. С. Турге́нева, А. С. Грибое́дова, Л. Н. Толсто́го, Ф. М. Достое́вского.

2. И. С. Турге́нев рабо́тал в Евро́пе и познако́мил ме́стных писа́телей с кни́гами сво-
и́х _____.

3. Произведе́ния Ф. М. Достое́вского полны́ _____ вопро́сов.

4. _____ литерату́ры стал челове́к своего́ вре́мени, кото́рый рад обще́ственным и
истори́ческим измене́ниям.

5. XIX век стал велича́йшей _____ в исто́рии Росси́и.

VI. *Соедини́те имена́ писа́телей и их вклад в литерату́ру* (*Табли́ца* 6. 1).

Табли́ца 6. 1

И́мя писа́теля	Вклад в литерату́ру
И. С. Тургéнев	Написáл энциклопéдию жúзни Россúи тогó врéмени.
Н. В. Гóголь	Егó произведéния полнúы размышлéний о добрé и зле, о духóвном разви́тии ли́чности.
Ф. М. Достоéвский	Старáлся обрати́ть внимáние читáтелей на проблéму прекрáсного и ужáсного, на мáленькие рáдости жи́зни, на её незабывáемые детáли.
А. П. Чéхов	Откры́л рýсскую литерату́ру всемý ми́ру.

V. *Прочитáйте предложéния. Вы соглáсны с тем, что напи́сано? Éсли нет, то испрáвьте ошúбки.*

1. И. С. Тургéнев рабóтал в Еврóпе и был знакóм со мнóгими худóжниками, котóрых познакóмил с кни́гами свои́х совремéнников.

2. Пóсле издáния пéрвого ромáна «Бéдные лю́ди» (1845), Ф. М. Достоéвского назвáли "нóвым Пýшкиным".

3. Золотóй век подари́л литерату́ре не тóлько нóвый язы́к, но и нóвого герóя.

4. Конéц Золотóго вéка свя́зан с твóрчеством Л. Н. Толстóго.

5. Шедéвры рýсской культýры стáли вáжной чáстью мировóго искýсства и остаю́тся актуáльными дáже сегóдня.

РАЗДÉЛ 2 ГРАММÁТИКА

СТРАДÁТЕЛЬНЫЕ (ПАССИ́ВНЫЕ) ПРИЧÁСТИЯ

Образовáние страдáтельных причáстий настоя́щего врéмени (Табли́ца 6. 2).

Табли́ца 6. 2

Инфинити́в	1 л. мн. ч. →мы	Причáстие
изучáть	изучáем	изучáемый вопрóс изучáемая проблéма изучáемое дéло изучáемые проблéмы
переводи́ть	перевóдим	переводи́мый текст переводи́мая статья́ переводи́мое произведéние переводи́мые статьи́

ЗАПÓМНИТЕ!

1. Действи́тельное (акти́вное) прича́стие отно́сится к предме́ту и́ли лицу́, кото́рое де́йствует (к субъéкту): Студéнт *изуча́ет* биоло́гию. —Студéнт, *изуча́ющий* биоло́гию.

2. Страда́тельное (пасси́вное) прича́стие отно́сится к объéкту де́йствия, т. е. к предме́ту и́ли лицу́, кото́рое испы́тывает де́йствие: Биоло́гия, *изуча́емая* студéнтом.

Так как пасси́вные прича́стия характеризу́ют объéкт де́йствия, они́ образу́ются от глаго́лов, имéющих объéкт, т. е. от перехо́дных глаго́лов. То́лько нéсколько неперехо́дных глаго́лов мо́гут образо́вывать пасси́вные прича́стия: *управля́ть самолётом—самолёт, управля́емый. . . ; руководи́ть семина́ром—семина́р, руководи́мый. . .*

3. Прича́стие имéет граммати́ческие катего́рии глаго́ла и прилага́тельного.

Прича́стие сохраня́ет лекси́ческое *значéние* глаго́ла, имéет *зало́г*: мать одева́ет до́чку—одева́ющая (действи́тельный); дéвочка одева́ется—одева́ющаяся (страда́тельный); дом, воздвига́емый стро́ителями (страда́тельный);

сохраня́ет значéние ви́да: чита́ющий, прочита́вший;

сохраня́ет управлéние глаго́ла: посыла́ть телегра́мму (вин. падéж), посыла́ющий телегра́мму (вин. падéж);

имéет катего́рию врéмени.

Прича́стие *отвеча́ет на вопро́с прилага́тельного*: какóй? кака́я? како́е? каки́е?

Изменя́ется по падежа́м, как прилага́тельное, и *согласу́ется в рóде*, числé и падежé с существи́тельным, к кото́рому отно́сится: я хорошо́ зна́ю *студéнтов, приéхавших* из Непа́ла; я изуча́ю *проблéму, имéющую* актуа́льное значéние для моéй страны́.

Как прилага́тельное, *прича́стие обознача́ет при́знак предмéта*. Ра́зница в том, что прилага́тельное обознача́ет постоя́нный при́знак предмéта, а прича́стие—врéменный, обусло́вленный де́йствием э́того предмéта: *краси́вая, высо́кая, светловоло́сая* дéвушка; дéвушка, *чита́ющая* кни́гу.

Образова́ние страда́тельных прича́стий проше́дшего врéмени.

Пасси́вные прича́стия проше́дшего врéмени образу́ются от осно́вы инфинити́ва и́ли проше́дшего врéмени глаго́лов с по́мощью су́ффиксов *-енн-* (éсли осно́ва ока́нчивается на согла́сный и́ли на *-и*), *-нн-* (éсли осно́ва ока́нчивается на гла́сный, кро́ме *-и*), *-т-* (от ограни́ченной гру́ппы глаго́лов с осно́вой на гла́сный, на *-ер[-е]-*, с су́ффиксом *-ну-*).

Су́ффикс −енн− (осно́ва на согла́сный и́ли −и)

вы́нести—	вы́нес—	вы́несенный	
вы́везти—	вы́вез—	вы́везенный	
подари́ть—	подари́л—	пода́ренный	} −и− выпада́ет
вы́сушить—	вы́сушил—	вы́сушенный	
нагрузи́ть—	нагрузи́л—	нагру́женный	→ з/ж
покра́сить—	покра́сил—	покра́шенный	→ с/ш
помести́ть—	помести́л—	помещённый	→ ст/щ
истра́тить—	истра́тил—	истра́ченный	→ т/ч
разбуди́ть—	разбуди́л—	разбу́женный	→ д/ж
разграфи́ть—	разграфи́л—	разграфлённый	→ ф/фл
купи́ть—	купи́л—	ку́пленный	→ п/пл
разруби́ть—	разруби́л—	разру́бленный	→ б/бл
объе́здить—	объе́здил—	объе́зженный	→ зд/зж
распла́вить—	распла́вил—	распла́вленный	→ в/вл
накорми́ть—	накорми́л—	нако́рмленный	→ м/мл
убеди́ть—	убеди́л—	убеждённый	→ д/дж
освети́ть—	освети́л—	освещённый	→ т/щ

Су́ффикс −нн−(осно́ва на гла́сный, кро́ме −и)

посла́ть—	посла́л—	по́сланный
ви́деть—	ви́дел—	ви́денный
осмея́ть—	осмея́л—	осме́янный

Су́ффикс −т− (от ограни́ченной гру́ппы слов)

бить—	бил—	би́тый	
умы́ть—	умы́л—	умы́тый	
наду́ть—	наду́л—	наду́тый	
заколо́ть—	заколо́л—	зако́лотый	осно́ва на гла́сный
взять—	взял—	взя́тый	
сжать—	сжал—	сжа́тый	
запере́ть—	за́пер—	за́пертый	осно́ва на −ер(−е)−
натере́ть—	натёр—	натёртый	
обману́ть—	обману́л—	обма́нутый	от глаго́лов
сдви́нуть—	сдви́нул—	сдви́нутый	с су́ффиксом −ну−

ПРОВЕ́РЬТЕ СЕБЯ́

Зада́ние 1. Образу́йте пасси́вное прича́стие настоя́щего вре́мени от да́нных глаго́лов.

соверша́ть—	переводи́ть—	испо́льзовать—
растворя́ть—	ви́деть—	образо́вывать—

охлажда́ть—	слы́шать—	передава́ть—
нагрева́ть—	руководи́ть—	продава́ть—
получа́ть—	тре́бовать—	признава́ть—

Зада́ние 2. Образу́йте пасси́вное прича́стие проше́дшего вре́мени от да́нных глаго́лов.

изучи́ть—	разрабо́тать—
уси́лить—	показа́ть—
улу́чшить—	призна́ть—
уху́дшить—	изда́ть—
сократи́ть—	нагре́ть—
упрости́ть—	закры́ть—
победи́ть—	забы́ть—
освободи́ть—	нача́ть—
спасти́—	дости́гнуть—
перевести́—	све́ргнуть—

РАЗДЕ́Л 3　ЖЕЛЕЗНОДОРО́ЖНЫЙ ТРА́НСПОРТ

ТОКОПРИЁМНИК

Для приёма электроэне́ргии от конта́ктных про́водов на электроподвижно́м соста́ве устана́вливают токоприёмники. Вы́бор компле́кта токоприёмников, их узло́в и характери́стик зави́сит от ско́рости, мо́щности и габари́тов электроподвижно́го соста́ва и бли́зости строе́ний. Наибо́лее распространены́ схе́мы пантóграфов и полупантóграфов.

К основны́м характери́стикам токоприёмников отно́сятся приведённые ма́ссы, нажа́тие рам и каре́ток, аэродинами́ческие подъёмные си́лы, попере́чная жёсткость, опуска́ющая си́ла, вре́мя подъёма и опуска́ния. Обы́чно для электрово́зов постоя́нного тóка применя́ют токоприёмники тяжёлого ти́па, для электрово́зов переме́нного тóка и всех электропоездо́в—лёгкого ти́па.

Но́вые слова́

приём	接受；方法	аэродинами́ческий	空气动力的
компле́кт	定额；成套；集体	подъёмный	升降的，起重的
мо́щность	威力；功率（阴）	попере́чный	横向的，交叉的
габари́т	轮廓；隔距	жёсткость	硬性，硬度；稳定性（阴）
бли́зость	临近，接近（阴）	опуска́ть/опусти́ть	放下
строе́ние	建筑物；构造	подъём	上升
пантóграф	集电弓；缩放仪	опуска́ние	下沉，下降
каре́тка	滑架；托架	электрово́з	电力机车

Задáния к тéксту

1. Отвéтьте на вопрóсы.

（1）Для чегó на электроподвижнóм состáве устанáвливают токоприёмники?

（2）От чегó завúсит вы́бор комплéкта токоприёмников, их узлóв и характерúстик?

（3）Какúе характерúстики есть у токоприёмников?

（4）Какúе токоприёмники применя́ют для электровóзов постоя́нного тóка? А какúе—для электровóзов перемéнного тóка и всех электропоездóв?

2. Переведúте словосочетáния на китáйский язы́к.

（1）контáктный прóвод

（2）электроподвижнóй состáв

（3）схéмы пантóграфов и полупантóграфов

（4）аэродинамúческая подъёмная сúла

（5）врéмя подъёма и опускáния

3. Переведúте слéдующие предложéния на китáйский язы́к.

（1）Для приёма электроэнéргии от контáктных прóводов на электроподвижнóм состáве устанáвливают токоприёмники.

（2）Вы́бор комплéкта токоприёмников, их узлóв и характерúстик завúсит от скóрости, мóщности и габарúтов электроподвижнóго состáва и блúзости строéний.

（3）К основны́м характерúстикам токоприёмников отнóсятся приведённые мáссы, нажáтие рам и карéток, аэродинамúческие подъёмные сúлы, поперéчная жёсткость, опускáющая сúла, врéмя подъёма и опускáния.

（4）Обы́чно для электровóзов постоя́нного тóка применя́ют токоприёмники тяжёлого тúпа, для электровóзов перемéнного тóка и всех электропоездóв—лёгкого тúпа.

УРО́К 7

РАЗДЕ́Л 1   ТЕКСТ

ИСТО́РИЯ РОССИ́И: ОТ ДРЕВНЕРУ́ССКОГО ГОСУДА́РСТВА ДО СССР (1)

История́ Росси́и насчи́тывает бо́лее ты́сячи лет. Она́ начина́ется с переселе́ния восто́чных славя́н на Восто́чно-Европе́йскую равни́ну в VI—VII вв. на́шей э́ры. Поздне́е э́тот наро́д раздели́лся на ру́сских, украи́нцев и белору́сов. Поэ́тому Росси́я, Украи́на и Белору́ссия име́ют до́лгую о́бщую исто́рию.

Древне́йшая исто́рия. Исто́рики нашли́ мно́го доказа́тельств, что террито́рии Росси́и бы́ли населены́ задо́лго до образова́ния здесь пе́рвого славя́нского госуда́рства. В ра́зное вре́мя здесь жи́ли ра́зные наро́ды. Наприме́р, в VI—V века́х до на́шей э́ры, на террито́рии совреме́нного Кры́ма находи́лось гре́ческое Боспо́рское ца́рство. Но к VI—VIII века́м на́шей э́ры террито́рию европе́йской ча́сти Росси́и, Украи́ны и Белору́ссии за́няли племена́ восто́чных славя́н. Таки́е дре́вние города́, как Но́вгород и Ки́ев, бы́ли постро́ены славя́нами до того́, как здесь появи́лось пе́рвое ру́сское госуда́рство. Славя́не жи́ли рода́ми, во главе́ кото́рых бы́ли старе́йшины и́ли князья́. И то́лько в конце́ IX ве́ка на́шей э́ры на террито́рии славя́н образова́лось Древнеру́сское госуда́рство.

Древнеру́сское госуда́рство, и́ли Ки́евская Русь. Возникнове́ние Древнеру́сского госуда́рства обы́чно свя́зывают с 862 го́дом. В тот год славя́не вы́брали пе́рвого о́бщего кня́зя, пе́рвого прави́теля Древнеру́сского госуда́рства. Его́ зва́ли Рю́рик. Че́рез два́дцать лет, в 882 году́, сле́дующий прави́тель Оле́г захвати́л Ки́ев и сде́лал его́ столи́цей. С э́того моме́нта госуда́рство ста́ло называ́ться та́кже и Ки́евская Русь. Её прави́тели называ́лись князья́ми. Во времена́ Ки́евской Руси́ акти́вно стро́ились города́. К концу́ XII ве́ка на Руси́ бы́ло о́коло 200 городо́в. Ря́дом с города́ми появля́лись сёла и дере́вни, где жи́ли реме́сленники и крестья́не.

Феода́льная раздро́бленность. По́сле сме́рти кня́зя Яросла́ва Му́дрого в Ки́евской Руси́ начался́ распа́д. Постепе́нно появи́лось мно́го самостоя́тельных ма́леньких госуда́рств-кня́жеств, кото́рые не хоте́ли подчиня́ться Ки́еву. Счита́ется, что в э́тот пери́од, а и́менно в 1147 году́, князь Ю́рий Долгору́кий основа́л Москву́.

В XIII ве́ке начало́сь тяжёлое тата́ро-монго́льское наше́ствие. Тата́ро-монго́лы победи́ли мно́гие ру́сские кня́жества, и ру́сские ста́ли плати́ть им дань. Са́мым знамени́тым кня́зем э́того пери́ода явля́ется Алекса́ндр Не́вский. Его́ назва́ли Не́вским, потому́ что он победи́л а́рмию шве́дов на реке́ Нева́ в 1240 году́.

Во второ́й полови́не XIII ве́ка Москва́ ста́ла це́нтром самостоя́тельного Моско́вского
кня́жества. Оно́ постепе́нно станови́лось сильне́е и сильне́е, и други́е кня́жества ста́ли
объединя́ться с ним. Знамени́тый князь Дми́трий Донско́й был прави́телем Моско́вского
кня́жества. В 1380 году́ он победи́л тата́ро-монго́лов в Кулико́вской би́тве. Но ру́сские
кня́жества ещё не освободи́лись от правле́ния тата́ро-монго́лов. Исто́рики счита́ют, что
э́то произошло́ то́лько че́рез 100 лет, в 1480 году́.

Еди́ное ру́сское госуда́рство. В 1485 году́ князь Ива́н III объяви́л себя́ "госуда́рем
всея́ Руси́". Он счита́ется объедини́телем ру́сских земе́ль. При нём был и́здан Суде́б-
ник—еди́ный свод зако́нов для всего́ госуда́рства. В 1547 году́ прави́телем стал его́ внук,
Ива́н IV, та́кже изве́стный как Ива́н Гро́зный. Он стал пе́рвым ру́сским царём, а госуда́-
рство ста́ло называ́ться Ру́сским ца́рством. В его́ правле́ние начало́сь освое́ние Сиби́ри.

Зада́ния к те́ксту

I. Вы́учите но́вые слова́ и словосочета́ния.

переселе́ние	迁移,移居	ремéсленник	工匠
славяни́н	斯拉夫人	распа́д	衰变
феода́льная раздро́бленность	封建割据	кня́жество	公国
подчиня́ться（кому́?）	服从	импе́рия	帝国
доказа́тельство	证明	наше́ствие	入侵,侵犯
род	属	дань	贡赋(阴)
старе́йшина	首领	би́тва	战斗
князь	（封建时代的）公,大公(阳)	объедини́тель	统一者(阳)
свод	汇编	село́	乡村
ца́рство	王国		

II. Отве́тьте на вопро́сы.

1. Когда́ восто́чные племена́ славя́н пересели́лись на Восто́чно-Европе́йскую равни́-
ну?

2. Как жи́ли тогда́ славя́не?

3. Когда́ бы́ло образо́вано Древнеру́сское госуда́рство?

4. Как зва́ли пе́рвого прави́теля Древнеру́сского госуда́рства?

5. Как называ́лись прави́тели Ки́евской Руси́?

6. Почему́ в Ки́евской Руси́ начался́ распа́д?

7. В како́м году́ была́ осно́вана Москва́?

8. Кака́я кни́га была́ и́здана во вре́мя правле́ния Ива́на III?

III. Запо́лните про́пуски в соотве́тствии с содержа́нием те́кста.

1. Исто́рия Росси́и начина́ется с _____ восто́чных славя́н на Восто́чно-Европе́йс-

кую равни́ну в VI—VII века́х на́шей э́ры.

2. В исто́рии страны́ мо́жно вы́делить приме́рно _____ пери́одов.

3. Славя́не жи́ли _____, во главе́ кото́рых бы́ли старе́йшины и́ли князья́.

4. В 882 году́ прави́тель Оле́г захвати́л Ки́ев и сде́лал его́ _____.

5. По́сле сме́рти кня́зя Яросла́ва Му́дрого в Ки́евской Руси́ начался́ _____.

6. В XIII ве́ке начало́сь тяжёлое тата́ро-монго́льское _____.

7. Ива́н IV стал пе́рвым ру́сским царём, а госуда́рство ста́ло называ́ться Ру́сским _____.

IV. *Соедини́те имена́ прави́телей и то, чем они́ изве́стны (Табли́ца 7.1).*

Табли́ца 7.1

Имя прави́теля	Чем изве́стен
Рю́рик	пе́рвый прави́тель Древнеру́сского госуда́рства
Ю́рий Долгору́кий	основа́тель Москвы́
Алекса́ндр Не́вский	победи́л шве́дов в 1240 году́
Дми́трий Донско́й	обеди́л тата́ро-монго́лов в Кулико́вской би́тве в 1380 году́
Ива́н III	объедини́тель ру́сских земе́ль
Ива́н IV	в его́ правле́ние начало́сь освое́ние Сиби́ри

V. *Прочита́йте предложе́ния. Вы согла́сны с тем, что напи́сано? Е́сли нет, то испра́вьте ошѝбки.*

1. Исто́рия Росси́и начина́ется с переселе́ния за́падных славя́н на Восто́чно-Европе́йскую равни́ну в VI—VII века́х на́шей э́ры.

2. В 862 году́ славя́не вы́брали пе́рвого прави́теля Древнеру́сского госуда́рства. Его́ зва́ли Рю́рик.

3. С 882 го́да госуда́рство ста́ло называ́ться Моско́вская Русь.

4. Ру́сские кня́жества доброво́льно плати́ли дань тата́ро-монго́лам.

5. Суде́бник—э́то еди́ный свод зако́нов для всего́ госуда́рства.

РАЗДЕ́Л 2　ГРАММА́ТИКА

КРА́ТКАЯ ФО́РМА ПРИЧА́СТИЯ

Страда́тельные (пасси́вные) прича́стия име́ют кра́ткую фо́рму. Наибо́лее употреби́тельными явля́ются кра́ткие прича́стия проше́дшего вре́мени:

прочи́танный докла́д—　　　докла́д прочи́тан

сде́ланное сообще́ние—　　　сообще́ние сде́лано

прорабо́танные статьи́—　　　статьи́ прорабо́таны

откры́тая дверь—　　　дверь откры́та

закры́тое окно́—　　　окно́ закры́то

ЗАПÓМНИТЕ!

Крáткие причáстия не склонЯются. Онú согласýются в рóде и числé со сказýемым, к котóрому отнóсятся. Окончáния крáтких причáстий такúе же, как и у крáтких прилагáтельных.

Сравнúтельной стéпени крáткие причáстия имéть не мóгут.

Как и крáткое прилагáтельное, крáткое причáстие в предложéниях являéтся сказýемым.

Óчень рéдко, обы́чно в кнúжном стúле, употребляЮтся крáткие пассúвные причáстия настоЯщего врéмени.

Нáми ты былá любúма	Живý ... тобóй
И для мúлого хранúма.	И Гóсподом хранúм.
(А. С. Пýшкин)	(В. С. Высóцкий)

Актúвные (действúтельные) причáстия крáткой фóрмы не имéют.

Действúтельные и страдáтельные оборóты рéчи

Глагóлы действúтельного залóга формирýют действúтельный (актúвный) оборóт рéчи, глагóлы страдáтельного залóга формирýют страдáтельный (пассúвный) оборóт рéчи (Таблúца 7. 2).

Таблúца 7. 2

Актúвный оборóт			Пассúвный оборóт		
И. п.		В. п.	И. п.		Т. п.
Стрóители	стрóят	шкóлу.	Шкóла	стрóится	стрóителями.
Стрóители	стрóили	шкóлу.	Шкóла	стрóилась	стрóителями.
Стрóители	бýдут стрóить	шкóлу.	Шкóла	бýдет стрóиться	стрóителями.
Глагóл несовершéнного вúда			Глагóл с частúцей −ся		
И. п.		В. п.	И. п.		Т. п.
Стрóители	пострóили	шкóлу.	Шкóла	(былá) пострóена	стрóителями.
Стрóители	пострóят	шкóлу.	Шкóла	бýдет пострóена	стрóителями.
Глагóл совершéнного вúда			Крáткое причáстие		

Итáк, в рýсском языкé, как и во мнóгих другúх языкáх, однó и то же дéйствие мóжно вы́разить актúвной и пассúвной констрýкциями.

Лицó, производЯщее дéйствие, мóжет не называ́ться:

Здесь стрóят шкóлу. —Здесь стрóится шкóла.

Шкóлу пострóили в этом годý. —Шкóла пострóена в этом годý.

Причáстный оборóт

Вы ужé знáете, что причáстие—э́то глагóльная фóрма, котóрая имéет граммати́ческие категóрии глагóла и прилагáтельного. Причáстия бывáют акти́вные и пасси́вные. И те, и други́е имéют фóрму настоя́щего и прошéдшего врéмени. Пасси́вные причáстия имéют крáткую фóрму, котóрая испóльзуется в пасси́вном оборóте рéчи.

В рýсском языкé существýет ещё и причáстный оборóт, котóрый чáсто употребля́ется в разли́чных сти́лях кни́жной рéчи.

Обосóбленный причáстный оборóт—э́то причáстие и словá, котóрые к немý отнóсятся. Причáстный оборóт явля́ется синоними́чной констрýкцией придáточному предложéнию со слóвом котóрый (éсли слóво котóрый в 1-ом и́ли 2-ом падежé):

В деканáт вошли́ студéнты, котóрые приéхали из Китáя. = В деканáт вошли́ студéнты, приéхавшие из Китáя.

Рабóта, вы́полненная мои́м дрýгом, получи́ла высóкую оцéнку. = Рабóта, котóрую вы́полнил мой друг, получи́ла высóкую оцéнку.

ЗАПÓМНИТЕ!

В причáстном оборóте	В придáточном предложéнии
акти́вное причáстие	котóрый в 1-ом падежé
пасси́вное причáстие	котóрый в 4-ом падежé

РАЗДÉЛ 3　МАШИНОСТРОÉНИЕ

МАШИ́НЫ И ТЕХНОЛÓГИЯ
ОБРАБÓТКИ МАТЕРИÁЛОВ ДАВЛÉНИЕМ

Обрабóтка метáллов давлéнием отнóсится к óбласти наýки и тéхники, котóрая включáет совокýпность средств, спóсобов и мéтодов человéческой дéятельности, напрáвленных на произвóдство надёжных и долговéчных издéлий и констрýкций машинострои́тельного произвóдства на оснóве создáния автоматизи́рованного оборýдования и высокоэффекти́вных технологи́ческих процéссов обрабóтки объёмных и листовы́х заготóвок пласти́ческим деформи́рованием детáлей.

Студéнты ýчатся:

осуществля́ть техни́ческое и рабóчее проекти́рование кузнéчно-штампóвочных маши́н, áвторский надзóр (кури́рование) при изготовлéнии и монтажé объéкта проекти́рования, отлáдку и испытáние сóзданных констрýкций, обеспéчивающих их нормáльную эксплуатáцию (техни́ческий ýровень);

осуществля́ть компонóвочные решéния по вы́бранной структýрной схéме кузнéчно-штампóвочной маши́ны, оптимизи́ровать компонóвку, испóльзовать САПР (систéма автоматизи́рованного проекти́рования) оборýдования при проекти́ровании (систéмно-техни́ческий у́ровень）;

разраба́тывать структу́рно－функциона́льные схе́мы кузне́чно－штампо́вочных маши́н，автома́тов，ли́ний и ко́мплексов;

осуществля́ть по́иск и вы́бор принципиа́льно но́вых констру́кций маши́н и ли́ний для обрабо́тки мета́ллов и други́х материа́лов давле́нием，разраба́тывать документа́цию на но́вую техноло́гию ко́вки и штампо́вки，уме́ть проводи́ть её отла́дку в произво́дственных усло́виях，контроли́ровать ка́чество проду́кции;

реализо́вывать но́вые технологи́ческие проце́ссы ко́вки и штампо́вки，испо́льзовать САПР для реше́ния зада́ч проекти́рования техноло́гии и осна́стки;

плани́ровать и проводи́ть иссле́дования технологи́ческих проце́ссов и кузне́чно－шта-мпо́вочных маши́н，обраба́тывать результа́ты эксперименто́в，формули́ровать вы́воды и предложе́ния.

┌─────────────────┐
│ **Но́вые слова́** │
└─────────────────┘

обрабо́тка	加工,处理
мета́лл	金属
давле́ние	压力
относи́ться к кому́-чему́	属于……,列……;与……有关系
совоку́пность	总和(阴)
челове́ческий	人类的
надёжный	可靠的;牢固的,坚固的
долгове́чный	耐久的,坚固耐用的;长久的,永恒的;长寿的
машинострои́тельный	机械制造的
на осно́ве кого́-чего́	在……基础上;依据,根据
высокоэффекти́вный	高效率的
объёмный	体积的,立体的
листово́й	板形的
загото́вка	毛坯,坯件;半成品
пласти́ческий	塑性的,可塑的
деформи́рование	变形作用,变形
кузне́чно-штампо́вочный	锻造-冲压的
надзо́р	监督,检查
разраба́тывать/разрабо́тать	制定,拟定;研究,分析;加工
монта́ж	安装,装配
отла́дка	调整,调试
испыта́ние	测试,试验
компоно́вочный	布置的,布局的,配置的;组成的,构成的

оптимизи́ровать	使最佳化,使最优化
компоно́вка	布置,配置
САПР（систе́ма автоматизи́рованного проекти́рования）	自动设计系统
автома́т	自动装置,自动机（器）
принципиа́льно	原则上
документа́ция	文件,资料
ко́вка	锻造,锻件
штампо́вка	冲压,冲制
экспериме́нт	实验

Зада́ния к те́ксту

1. Переведи́те сле́дующие словосочета́ния на ру́сский язы́к.

（1）属于科技领域

（2）人类活动

（3）结构图

（4）拟定文件

（5）新锻造和冲压技术

（6）控制产品质量

（7）处理实验结果

（8）下结论

2. Переведи́те сле́дующие словосочета́ния на кита́йский язы́к.

（1）обрабо́тка мета́ллов давле́нием

（2）произво́дство надёжных и долгове́чных изде́лий

（3）оптимизи́ровать компоно́вку

（4）САПР（систе́ма автоматизи́рованного проекти́рования）

（5）разраба́тывать структу́рно-функциона́льные схе́мы

（6）по́иск и вы́бор принципиа́льно но́вых констру́кций и ли́ний

（7）проводи́ть отла́дку в произво́дственных усло́виях

（8）реше́ние зада́ч проекти́рования технологии и осна́стки

3. Отве́тьте на вопро́сы.

（1）К како́й о́бласти зна́ния отно́сится обрабо́тка мета́ллов давле́нием?

（2）Что включа́ет в себя́ о́бласть нау́ки и те́хники, в кото́рой применя́ется обрабо́тка мета́ллов давле́нием?

（3）Что у́чатся проекти́ровать студе́нты?

（4）На каки́х у́ровнях у́чатся применя́ть свои́ зна́ния студе́нты?

（5）Каки́м спо́собом обраба́тываются объёмные и листовы́е загото́вки?

УРÓК 8

РАЗДÉЛ 1   ТЕКСТ

ИСТÓРИЯ РОССИИ: ОТ ДРЕВНЕРУ́ССКОГО ГОСУДА́РСТВА ДО СССР (2)

Интере́сно, что все князья́ ру́сских кня́жеств, в том числе́ и Моско́вского, а та́кже прави́тели еди́ного ру́сского госуда́рства, бы́ли пото́мками Рю́рика. Царь Фёдор, сын Ива́на Гро́зного, был после́дним прави́телем дина́стии Рю́риковичей. По́сле его́ сме́рти в Ру́сском ца́рстве начался́ пери́од, кото́рый исто́рики называ́ют Сму́тным вре́менем. Э́то бы́ло вре́мя тяжёлого полити́ческого, экономи́ческого и социа́льного кри́зиса. В стране́ происходи́ли наро́дные восста́ния, го́лод, шла война́ с По́льшей.

В 1613 году́ представи́тели от ра́зных городо́в вме́сте вы́брали но́вого царя́. Им стал Михаи́л Рома́нов. Его́ дина́стия пра́вила страно́й бо́лее 300 лет. При дина́стии Рома́новых продо́лжилось освое́ние Сиби́ри, бы́ли осно́ваны города́ Красноя́рск и Ирку́тск. В 1649 году́ бы́ло при́нято Собо́рное уложе́ние, кото́рое установи́ло крепостно́е пра́во. Во второ́й полови́не XVII ве́ка в Ру́сском ца́рстве уси́ливается интере́с к За́паду и за́падной культу́ре. В 1689 году́ был подпи́сан пе́рвый в исто́рии догово́р с Кита́ем—Не́рчинский догово́р.

В 1689 году́ царём стал Пётр I, кото́рый, возмо́жно, явля́ется са́мым знамени́тым прави́телем Росси́и. Он провёл мно́жество рефо́рм, а в 1703 году́ основа́л Санкт–Петербу́рг, кото́рый в 1712 году́ стал но́вой столи́цей Ру́сского ца́рства.

Росси́йская импе́рия. В 1721 году́ Пётр I объяви́л Ру́сское ца́рство Росси́йской импе́рией, а сам стал её пе́рвым импера́тором. При Петре́ I была́ со́здана Петербу́ргская акаде́мия нау́к, а его́ дочь Елизаве́та откры́ла Моско́вский университе́т. Во вре́мя правле́ния Петра́ I, а та́кже Екатери́ны II, Росси́йская импе́рия присоедини́ла Крым и террито́рии совреме́нных Белору́ссии, Украи́ны, Эсто́нии, Ла́твии и Литвы́.

Значи́тельными собы́тиями XIX ве́ка явля́ются Оте́чественная война́ 1812 го́да с Фра́нцией, восста́ние декабри́стов в 1825 году́ и отме́на крепостно́го пра́ва в 1861 году́. В э́то же вре́мя продолжа́ется разви́тие промы́шленности и нау́ки. В 1891 году́ начало́сь строи́тельство Транссиби́рской железнодоро́жной магистра́ли—са́мой дли́нной желе́зной доро́ги в ми́ре. Кро́ме того́, XIX век счита́ется эпо́хой расцве́та ру́сской культу́ры и "золоты́м ве́ком" ру́сской литерату́ры. В э́тот пери́од жи́ли таки́е писа́тели, как А. С. Пу́шкин и Л. Н. Толсто́й. Тем не ме́нее, кро́ме разви́тия в стране́ станови́лось всё бо́льше пробле́м. Мно́гие из них бы́ли свя́заны с усло́виями жи́зни крестья́н и рабо́чих.

К нача́лу XX ве́ка Росси́йская импе́рия была́ огро́мным госуда́рством. В 1894 году́ импера́тором стал Никола́й II—после́дний росси́йский импера́тор.

Револю́ция и созда́ние СССР. В правле́ние Никола́я II разви́тие промы́шленности ста́ло ме́дленнее, у́ровень жи́зни большинства́ просты́х люде́й был о́чень ни́зким. Продолжа́лся кри́зис се́льского хозя́йства. Мно́жество социа́льных, экономи́ческих пробле́м, а та́кже вое́нные неуда́чи привели́ к Пе́рвой револю́ции 1905 го́да. В 1914 году́ начала́сь Пе́рвая мирова́я война́. Эта война́ ещё бо́льше увели́чила пробле́мы внутри́ страны́. В феврале́ 1917 го́да произошла́ Февра́льская револю́ция. Это собы́тие ста́ло концо́м росси́йской импе́рии. По́сле револю́ции начала́сь гражда́нская война́. Большевики́ во главе́ с В. И. Ле́ниным объяви́ли о созда́нии сове́тской Росси́и, но бы́ло мно́жество недово́льных. Гражда́нская война́ продолжа́лась не́сколько лет и зако́нчилась то́лько в 1922 году́. Огро́мная бы́вшая импе́рия ста́ла сою́зом из не́скольких социалисти́ческих респу́блик. Так начала́сь но́вая страни́ца в исто́рии Росси́и и её наро́дов.

Зада́ния к те́ксту

I. Вы́учите но́вые слова́ и словосочета́ния.

пото́мок	后代	промы́шленность	工业(阴)
дина́стия	王朝	сму́тный	模糊的
кри́зис	危机	железнодоро́жная магистра́ль＝желе́зная доро́га	铁路线
восста́ние	起义	рабо́чий	工人
крепостно́е пра́во	农奴制	револю́ция	革命
рефо́рма	改革	се́льское хозя́йство	农业
импера́тор	皇帝	гражда́нская война́	国内战争
декабри́ст	十二月党人	недово́льный	不满意的

II. Отве́тьте на вопро́сы.

1. В како́м году́ был вы́бран но́вый царь, пе́рвый представи́тель дина́стии Рома́новых?

2. Почему́ Пётр I явля́ется са́мым знамени́тым прави́телем Росси́и?

3. Каки́е значи́тельные собы́тия произошли́ в Росси́и в XIX ве́ке?

4. Как вы ду́маете, почему́ в Росси́и в нача́ле XX ве́ка произошла́ револю́ция?

III. Запо́лните про́пуски в соотве́тствии с содержа́нием те́кста.

1. Все князья́ ру́сских кня́жеств, а та́кже прави́тели еди́ного ру́сского госуда́рства, бы́ли _____ Рю́рика.

2. Сму́тное вре́мя бы́ло пери́одом тяжёлого полити́ческого, экономи́ческого и социа́льного _____.

3. _____ Рома́новых пра́вила страно́й бо́лее 300 лет.

4. Пётр I провёл мно́жество _____.

5. Мно́гие из пробле́м конца́ XIX ве́ка бы́ли свя́заны с усло́виями жи́зни _____ и рабо́чих.

6. _____ _____ ста́ла концо́м росси́йской импе́рии и концо́м правле́ния Никола́я II.

IV. Соедини́те.

А. Соедини́те имена́ изве́стных люде́й Росси́и с их определе́нием ли́бо собы́тием, кото́рое с ни́ми свя́зано (Табли́ца 8. 1).

Табли́ца 8. 1

И́мя	Определе́ние, собы́тие
царь Фёдор	но́вый царь в 1613 году́
Михаи́л Рома́нов	пе́рвый ру́сский импера́тор
Пётр I	созда́ние сове́тской Росси́и
Елизаве́та I	после́дний прави́тель дина́стии Рю́риковичей
Никола́й II	откры́тие Моско́вского университе́та
В. И. Ле́нин	после́дний ру́сский импера́тор

Б. Соедини́те слова́ и словосочета́ния с их определе́нием (Табли́ца 8. 2).

Табли́ца 8. 2

Слова́ и словосочета́ния	Определе́ние
рефо́рма	восста́ние
крепостно́е пра́во	пра́внук
декабри́ст	зако́н
револю́ция	семья́
гражда́нская война́	уча́стник восста́ния в декабре́ 1825 го́да
дина́стия	война́ внутри́ страны́
пото́мок	ра́бство

V. Прочита́йте предложе́ния. Вы согла́сны с тем, что напи́сано? Е́сли нет, то испра́вьте оши́бки.

1. По́сле сме́рти царя́ Фёдора, сы́на Ива́на III, в Ру́сском ца́рстве начался́ пери́од, кото́рый исто́рики называ́ют Сму́тным вре́менем.

2. Не́рчинский догово́р—э́то пе́рвый в исто́рии догово́р с Кита́ем, подпи́санный в 1689 году́.

3. Москва́ ста́ла столи́цей Ру́сского ца́рства в 1712 году́.

4. Крепостно́е пра́во просуществова́ло 212 лет.

5. В правле́ние Никола́я II у́ровень жи́зни большинства́ просты́х люде́й был о́чень высо́ким.

РАЗДЕ́Л 2　ГРАММА́ТИКА

ДЕЕПРИЧА́СТИЕ

Дееприча́стие—э́то неизменя́емая глаго́льная фо́рма, кото́рая обознача́ет доба́вочное де́йствие. Основно́й глаго́л и дееприча́стие в предложе́нии отно́сятся к одному́ субъе́кту.

Он чита́л письмо́, улыба́ясь.	Основно́е и доба́вочное
Сто́я у доски́, студе́нт реша́ет	де́йствие соверша́ет
зада́чу.	оди́н и тот же челове́к.

Дееприча́стие име́ет при́знаки глаго́ла и наре́чия. Как и наре́чие, оно́ явля́ется неизменя́емым сло́вом. С глаго́лом дееприча́стие объединя́ет о́бщее лекси́ческое значе́ние, зало́г (действи́тельный: *возвраща́я кни́гу*; сре́дний: *возвраща́ясь из теа́тра*), вид (*реша́я зада́чи, реши́в зада́чи*), глаго́льное управле́ние (*защища́ть дипло́м—защища́я дипло́м*), сочета́емость с наре́чием (*усво́ить глубоко́—усво́ив глубоко́*). Су́ффиксы дееприча́стий пока́зываются в табли́це 8. 3.

Табли́ца 8. 3

совершéнный вид	несовершéнный вид
−а* (осно́ва на шипя́щий) −я* (осно́ва на не шипя́щий) −учи (о́чень ре́дко встреча́ется) −ючи	−в* (осно́ва на гла́сный) −вшись* (от глаго́лов на −ся) −ши (осно́ва на согла́сный) −я (от глаго́лов движе́ния [−а] и не́которых други́х)

*—са́мые употреби́тельные су́ффиксы.

ПРОВЕ́РЬТЕ СЕБЯ́

Дееприча́стия несовершéнного ви́да обознача́ют де́йствие, происходя́щее *одновреме́нно* с де́йствием глаго́ла:

Чита́я статью́, я выпи́сываю незнако́мые слова́.

Дееприча́стия несовершéнного ви́да образу́ются от осно́вы глаго́ла настоя́щего вре́мени:

крича́ть	—	кричу́	—	крича́
слы́шать	—	слы́шу	—	слы́ша
благодари́ть	—	благодарю́	—	благодаря́
говори́ть	—	говорю́	—	говоря́

Есть не́сколько дееприча́стий несовершéнного ви́да с су́ффиксом−*учи*−. Наибо́лее употреби́тельное прича́стие от глаго́ла *быть*—*бу́дучи*: *Бу́дучи* в Ленингра́де, я уви́дел мно́го интере́сного.

В литерату́рных произведе́ниях встреча́ются други́е фо́рмы:

По тесо́вым кро́велькам *игра́ючи*,

Ту́чки се́рые *разгоня́ючи*,

Заря́ а́лая подыма́ется.

М. Ю. Ле́рмонтов. 《Пе́сня про купца́ Кала́шникова》.

Никого́ не *осужда́ючи*,

Он оди́н слова́ уте́шные

Говори́л мне *умира́ючи*.

Н. А. Некра́сов. 《Ори́на, мать солда́тская》.

ЗАПО́МНИТЕ!

При образова́нии дееприча́стий несоверше́нного ви́да от глаго́лов с корня́ми на *–да*, *–ста*, *–зна* су́ффикс *–ва* в дееприча́стии сохраня́ется: *встава́ть—встаю́—встава́я*.

Дееприча́стия соверше́нного ви́да обознача́ют де́йствие, предше́ствующее основно́му де́йствию: *Сдав* экза́мены и *получи́в* дипло́мы, мы пое́хали домо́й. = Снача́ла сда́ли экза́мены и получи́ли дипло́мы, пото́м пое́хали домо́й.

Дееприча́стия соверше́нного ви́да образу́ются от осно́вы глаго́ла проше́дшего вре́мени:

прочита́ть	—	прочита́л	—	прочита́в
посмотре́ть	—	посмотре́л	—	посмотре́в
толкну́ть	—	толкну́л	—	толкну́в
улыбну́ться	—	улыбну́лся	—	улыбну́вшись
встре́титься	—	встре́тился	—	встре́тившись
принести́	—	принёс	—	принёсши
отвезти́	—	отвёз	—	отвёзши

Дееприча́стия соверше́нного ви́да от глаго́лов движе́ния (и не́которых други́х) образу́ются от осно́вы бу́дущего вре́мени.

войти́	—	войду́	—	войдя́
прийти́	—	приду́	—	придя́
зайти́	—	зайду́	—	зайдя́
уви́деть	—	уви́жу	—	уви́дев и уви́дя
услы́шать	—	услы́шу	—	услы́шав и услы́ша

Дееприча́стия соверше́нного ви́да с су́ффиксом *–я* встреча́ются в усто́йчивых словосочета́ниях: *очертя́ го́лову*, *сломя́ го́лову*, *спустя́ рукава́*.

ПРОВЕРЬТЕ СЕБЯ

Задание 1. От данных глаголов образуйте деепричастия несовершенного вида по образцу.

Образец:

| считать | — | считаю | — | считая |
| улыбаться | — | улыбаюсь | — | улыбаясь |

наблюдать, называться, кричать, существовать, испаряться, дышать, употреблять, растворяться, держать, использовать, находиться, болеть, применять, относиться, иметь, присутствовать, улыбаться, уметь, исследовать, смеяться, действовать

но:

| создавать— | давать— |
| узнавать— | ставить— |

Задание 2. От данных глаголов образуйте деепричастия совершенного вида по образцу.

Образец:

прочитать	—	прочитал	—	прочитав
становиться	—	становился	—	становившись
прийти	—	пришёл	—	придя

вызвать, остаться, подойти, испытать, попытаться, внести, описать, оказаться, провезти

приготовить—	превратиться—	ввести—
доказать—	появиться—	найти—
дать—	нагреться—	войти—
потребовать—	пройти—	прибавить—
предложить—	применить—	

РАЗДЕЛ 3　МАШИНОСТРОЕНИЕ

МАШИНЫ И ТЕХНОЛОГИИ ВЫСОКОЭФФЕКТИВНЫХ ПРОЦЕССОВ ОБРАБОТКИ

На этом направлении студенты учатся разрабатывать различные конструкции и выпускать чертежи деталей и узлов механизмов. Также они проводят эксперименты и обрабатывают их результаты, проводят научно-исследовательские работы. Помимо этого, учащиеся учатся руководить, оптимизировать и контролировать процессы разработки, управлять малыми группами разработчиков, анализировать эффективность технических решений, дорабатывать, модернизировать и внедрять различные продукты.

Основные изучаемые дисциплины:

Технология электрофизической обработки материалов;

Процессы и операции формообразования;

Проекти́рование обрабóтки на станкáх с ЧПУ;

Оснóвы проекти́рования оборýдования для обрабóтки материáлов;

Проекти́рование технологи́ческой оснáстки;

Систéмы автоматизи́рованного проекти́рования технологи́ческих процéссов;

Электрофизи́ческие и электрохими́ческие технолóгии в машиностроéнии;

Автоматизáция технологи́ческих процéссов в машиностроéнии;

Инженéрная грáфика;

Техни́ческая мехáника;

Материаловéдение;

Технолóгия конструкциóнных материáлов;

Метролóгия, стандартизáция и сертификáция;

Электротéхника и электрóника;

Мехáника жи́дкости и гáза;

Оснóвы проекти́рования;

Оснóвы технолóгии машиностроéния;

Безопáсность жизнедéятельности;

Концентри́рованные потóки энéргии и физи́ческие оснóвы их генерáции;

Теорети́ческие оснóвы обрабóтки концентри́рованными потóками энéргии;

Теóрия, технолóгия и оборýдование электрохими́ческой обрабóтки;

Технолóгия обрабóтки концентри́рованными потóками энéргии;

Типовы́е технологи́ческие процéссы в машиностроéнии;

Проекти́рование обрабóтки на станкáх с прогрáммным управлéнием;

Проекти́рование специализи́рованного оборýдования и оснáстки для обрабóтки концентри́рованными потóками энéргии.

Нóвые словá

чертёж	图纸
поми́мо когó-чегó	除……以外；不管，不顾
руководи́ть	［未］领导
управля́ть кем-чем?	［未］管理；控制；支配
мáлый	小的，小型的
разрабóтчик	设计人员，研制人员，开发人员
анализи́ровать	分析
дорабáтывать/дорабóтать	做完；补充加工；修正
модернизи́ровать	使……现代化，改进
проекти́рование	设计

внедря́ть/внедри́ть	采用,运用;推广,引入
электрофизи́ческий	电物理的
опера́ция	工序,操作;手术
фо́рмообразова́ние	造型,成型,定型
электрохими́ческий	电化学的
гра́фика	图表,图形;进度表,计划表
меха́ника	力学,机械学
материалове́дение	材料学
конструкцио́нный	结构的,构造的
метроло́гия	计量学,度量衡学
стандартиза́ция	标准化,规格化,统一化;一般化,公式化
электроте́хника	电工学,电气工程,电工技术
жи́дкость	液体,流体(阴)
газ	气体,气
безопа́сность	安全(阴)
жизнедея́тельность	生命活动;活动,工作(阴)
концентри́рованный	集中的;浓的,高浓度的
пото́к	流;水流;急流
генера́ция	发生,产生
специализи́рованный	专门的,专用的;专业的
обору́дование	设备

Зада́ния к те́ксту

1. Переведи́те сле́дующие словосочета́ния на ру́сский язы́к.
(1)控制开发过程
(2)分析技术解决方案的有效性
(3)电物理材料加工技术
(4)数控机床加工设计
(5)工程图形学
(6)流体力学
(7)程序控制的机床加工设计
(8)专用设备

2. Переведи́те сле́дующие словосочета́ния на кита́йский язы́к.
(1)выпуска́ть чертежи́ дета́лей и узло́в механи́змов
(2)поми́мо э́того
(3)ма́лыми гру́ппами разрабо́тчиков
(4)внедря́ть разли́чные проду́кты

（5）процéссы и операции фóрмообразовáния

（6）электрофизи́ческие и электрохими́ческие технолóгии в машиностроéния

（7）техни́ческая механика

（8）технолóгия конструкциóнных материáлов

（9）концетри́рованные потóки энéргии

3. Отвéтьте на вопрóсы.

（1）Что у́чатся разрабáтывать студéнты направлéния "Машиностроéние"?

（2）Каки́ми нáвыками должны́ овладéть студéнты направлéния "Машиностроéние"?

（3）Проекти́рование какóй оснáстки вхóдит в основны́е дисципли́ны специáльности?

（4）Что анализи́руют студéнты направлéния "Машиностроéние"?

（5）Механика каки́х вещéств изучáется студéнтами?

УРÓК 9

РАЗДЕ́Л 1   ТЕКСТ

КИНÓ РОССИ́И (1)

Днём рожде́ния киноиску́сства при́нято счита́ть пе́рвый публи́чный пока́з фи́льма бра́тьями Люмье́р в Пари́же 28 декабря́ 1895 го́да. Уже́ на сле́дующий год кино́ появи́лось и в Росси́и: снача́ла в Санкт-Петербу́рге, пото́м в Москве́, а зате́м в Ни́жнем Но́вгороде.

15 октября́ 1908 го́да состоя́лась премье́ра фи́льма 《 Понизо́вая во́льница 》 (и́ли 《 Сте́нька Ра́зин 》, режиссёр В. Ф. Рома́шков). Этот день счита́ют днём рожде́ния росси́йского кино́.

Пе́рвые ру́сские фи́льмы бы́ли о Гражда́нской войне́, о жи́зни в дере́вне и́ли экраниза́ции (фи́льмы по моти́вам литерату́рных произведе́ний) изве́стных книг.

Мирову́ю сла́ву получи́л начина́ющий театра́льный режиссёр Серге́й Эйзенште́йн. Его́ пе́рвым фи́льмом была́ 《 Ста́чка 》 (1925). Одна́ко его́ лу́чший фильм в исто́рии мирово́го кино́, по слова́м мно́гих иссле́дователей—《 Броненосец Потёмкин 》 (1925), расска́зывающий о собы́тиях 1905 го́да на вое́нном корабле́.

Пе́рвые ру́сские режиссёры не боя́лись эксперименти́ровать и пока́зывать зри́телям "пра́вду жи́зни". Так, са́мый изве́стный эксперимента́тор того́ вре́мени Дзи́га Ве́ртов снима́л всё, что ви́дел со́бственными глаза́ми. В его́ фи́льме 《 Челове́к с киноаппара́том 》 (1929) нет театра́льной игры́ актёров, нет сюже́та, есть то́лько обы́чная, настоя́щая жизнь челове́ка в го́роде. Друго́й фильм 《 Земля́ 》 (1930), сня́тый режиссёром А. П. Довже́нко, пока́зывает красоту́ и тру́дности жи́зни в дере́вне.

Все э́ти фи́льмы бы́ли чёрно-бе́лые. Пе́рвый цветно́й фильм 《 Пра́здник труда́ 》 был снят в 1931 году́ режиссёром Н. Д. Анощенко, кото́рый не то́лько увлека́лся киноиску́сством, но и был ещё лётчиком, изобрета́телем и преподава́телем.

Показа́ть исто́рию геро́я, в про́шлом просто́го челове́ка, бы́ло гла́вной зада́чей кино́ 30—40-х годо́в, что́бы ка́ждый зри́тель мог почу́вствовать себя́ на его́ ме́сте. Очень изве́стный фильм того́ вре́мени 《 Чапа́ев 》 (1934) режиссёров Васи́льевых расска́зывает исто́рию геро́я револю́ции.

Ра́дость жи́зни зри́тели могли́ почу́вствовать в мю́зиклах—фи́льмах, кото́рые соединя́ют пе́сни, му́зыку и та́нцы. Лу́чшие мю́зиклы нача́ла двадца́того ве́ка—《 Весёлые ребя́та 》 (режиссёр Г. В. Алекса́ндров, 1934) и 《 Бога́тая неве́ста 》 (режиссёр И. Пы́рьев,

1937）.

Кино́ в XX ве́ке бы́ло зе́ркалом истори́ческих и обще́ственных измене́ний в стране́. С по́мощью кино́ мо́жно бы́ло показа́ть реа́льную жизнь страны́, что и де́лали режиссёры.

Во вре́мя Вели́кой Оте́чественной войны́（1941—1945）бы́ло сня́то о́чень ма́ло фи́льмов, хотя́ кино́ игра́ло о́чень ва́жную роль для ка́ждого. Фи́льмы пока́зывали как у́жасы войны́, так и обы́чную споко́йную жизнь люде́й. Са́мые изве́стные фи́льмы того́ вре́мени—《Жди меня́》（1943）А. Б. Сто́лпера и《Два бойца́》（1943）Л. Д. Лу́кова, фи́льмы по́лные любви́ и наде́жды.

По́сле войны́, в 50-е го́ды, фи́льмы стано́вятся зе́ркалом о́бщества, режиссёры обраща́ют внима́ние на молодо́е поколе́ние（молоды́х люде́й）. Так, в фи́льме И. Е. Хе́йфица《Больша́я семья́》（1954）мы ви́дим непонима́ние взро́слыми молоды́х люде́й. Та́кже в 50-е го́ды на́чали снима́ть фи́льмы о Вели́кой оте́чественной войне́. Гла́вными фи́льмами ста́ли карти́на М. К. Калато́зова《Летя́т журавли́》（1957）о траги́чной любви́ де́вушки и па́рня, кото́рый умира́ет на войне́, и《Балла́да о солда́те》（1959）Г. Н. Чухра́я, фильм о хра́бром ру́сском солда́те. В э́тот пери́од все бы́ли о́чень ра́ды концу́ войны́, к лю́дям сно́ва верну́лись сча́стье и ра́дость. Это мы мо́жем уви́деть в я́рком и кра́сочном фи́льме《Карнава́льная ночь》（1956）Э. А. Ряза́нова.

Зада́ния к те́ксту

I. Вы́учите но́вые слова́ и словосочета́ния.

киноиску́сство	电影艺术	фильм по моти́вам…	电影基于……
публи́чный	公众的；公开的	эксперименти́ровать	实验
пока́з	展示；演出	эксперимента́тор	实验者
режиссёр	导演	сюже́т	情节
опера́тор	操作员	цветно́й фильм	彩色胶片
премье́ра	首映	изобрета́тель	发明家（阳）
запечатле́ть	记录下来，描绘出	мю́зикл	音乐片
экраниза́ция	改编成电影	наде́жда	希望

II. Отве́тьте на вопро́сы.

1. Како́й день при́нято счита́ть днём рожде́ния киноиску́сства? Почему́?
2. А како́й день при́нято счита́ть днём рожде́ния киноиску́сства в Росси́и?
3. О чём бы́ли пе́рвые фи́льмы в Росси́и?
4. О каки́х режиссёрах того́ вре́мени вы слы́шали?
5. В каки́х фи́льмах зри́тели могли́ почу́вствовать ра́дость жи́зни?
6. Каки́е фи́льмы в Росси́и бы́ли сня́ты о Вели́кой оте́чественной войне́?

III. Запо́лните про́пуски в соотве́тствии с содержа́нием те́кста.

1. 15 октября́ 1908 го́да счита́ют днём рожде́ния росси́йского _____ .
2. Пе́рвые ру́сские фи́льмы бы́ли о Гражда́нской войне́, о жи́зни в дере́вне и́ли

_____ изве́стных книг.

3. Са́мый изве́стный _____ того́ вре́мени Дзи́га Ве́ртов снима́л всё, что ви́дел со́бственными глаза́ми.

4. Пе́рвый _____ фильм 《Пра́здник труда́》 был снят в 1931 году́ режиссёром Н. Д. Ано́щенко.

5. С по́мощью кино́ мо́жно бы́ло показа́ть реа́льную жизнь страны́, что и де́лали

_____ .

IV. Соедини́те.

А. Соедини́те и́мя режиссёра и назва́ние фи́льма (Табли́ца 9. 1).

Табли́ца 9. 1

И́мя режиссёра	Назва́ние фи́льма
Серге́й Эйзенште́йн	《Карнава́льная ночь》
В. И. Пудо́вкин	《Весёлые ребя́та》
Г. Н. и С. Г. Васильевы	《Броненосец Потёмкин》
Г. В. Алекса́ндров	《Жди меня́》
А. Б. Сто́лпер	《Чапа́ев》
Э. А. Ряза́нов	《Мать》

Б. Соедини́те назва́ние фи́льма и его́ кра́ткое содержа́ние (Табли́ца 9. 2).

Табли́ца 9. 2

Назва́ние фи́льма	Содержа́ние
《Броненосец Потёмкин》	о геро́е револю́ции
《Мать》	о траги́чной любви́ де́вушки и па́рня, кото́рый умира́ет на войне́
《Земля́》	о собы́тиях 1905 го́да на вое́нном корабле́
《Чапа́ев》	по одноимённому рома́ну Макси́ма Го́рького
《Летя́т журавли́》	пока́зывает красоту́ и тру́дности жи́зни в дере́вне

V. Прочита́йте предложе́ния. Вы согла́сны с тем, что напи́сано? Е́сли нет, то испра́вьте оши́бки.

1. Днём рожде́ния киноиску́сства при́нято счита́ть пе́рвый публи́чный пока́з фи́льма бра́тьями Люмье́р в Санкт-Петербу́рге 28 декабря́ 1895 го́да.

2. Пе́рвые ру́сские режиссёры не боя́лись эксперименти́ровать и пока́зывать зри́телям "пра́вду жи́зни".

3. Мю́зикл—э́то литерату́рное произведе́ние.

4. Во вре́мя Вели́кой Оте́чественной войны́ (1941—1945) бы́ло сня́то доста́точно мно́го фи́льмов.

5. В послевое́нный пери́од все бы́ли о́чень ра́ды концу́ войны́, к лю́дям сно́ва верну́лись сча́стье и ра́дость.

РАЗДЕ́Л 2   ГРАММА́ТИКА

ДЕЕПРИЧА́СТНЫЙ ОБОРО́Т

Дееприча́стие вме́сте с относя́щимися к нему́ слова́ми образу́ет дееприча́стный оборо́т. Он мо́жет име́ть значе́ние вре́мени, причи́ны, усло́вия, усту́пки и це́ли.

По своему́ значе́нию предложе́ния с дееприча́стным оборо́том близки́ к сло́жным предложе́ниям с прида́точными вре́мени, причи́ны, усло́вия, усту́пки, це́ли и мо́гут заменя́ться и́ми.

Обрати́те внима́ние на пра́вило заме́ны дееприча́стных оборо́тов синоними́чными констру́кциями.

ЗАПО́МНИТЕ!

Дееприча́стный оборо́т всегда́ отделя́ется запяты́ми. Ита́к, сложноподчинённое предложе́ние мо́жет быть синоними́чно просто́му предложе́нию с дееприча́стным оборо́том (Табли́ца 9.3).

Табли́ца 9.3

Просто́е предложе́ние с дееприча́стным оборо́том	Сложноподчинённое предложе́ние
Просма́тривая газе́ту, я уви́дел интере́сную статью́.	*Когда́ просма́тривал газе́ту*, я уви́дел интере́сную статью́.
Начерти́в чертёж, студе́нт сдал его́ преподава́телю.	*По́сле того́ как студе́нт начерти́л чертёж*, он сдал его́ преподава́телю.
Почу́вствовав себя́ пло́хо, я ушёл домо́й по́сле пе́рвой ле́кции.	Я ушёл домо́й по́сле пе́рвой ле́кции, *так как почу́вствовал себя́ пло́хо*.
Хорошо́ зна́я ру́сский язы́к, Нга, одна́ко, с трудо́м переводи́ла э́тот текст.	*Несмотря́ на то, что Нга хорошо́ зна́ла ру́сский язы́к*, она́, одна́ко, с трудо́м переводи́ла э́тот текст.
Я не смогу́ пое́хать домо́й, *не сдав экза́мены*.	Я не смогу́ пое́хать домо́й, *е́сли не сдам экза́мены*.

Что́бы замени́ть прида́точное предложе́ние дееприча́стным оборо́том, ну́жно в прида́точном предложе́нии:

   1. опусти́ть сою́з;

   2. оста́вить подлежа́щее то́лько в гла́вном предложе́нии;

   3. замени́ть в прида́точном предложе́нии глаго́л–сказу́емое дееприча́стием.

ЗАПО́МНИТЕ!

Заме́на прида́точного предложе́ния дееприча́стным оборо́том невозмо́жно, е́сли в гла́вном и прида́точном предложе́нии ра́зные субъе́кты де́йствия.

Глаго́л и дееприча́стие должны́ относи́ться к одному́ субъе́кту.

ПРОВÉРЬТЕ СЕБЯ́

Зада́ние 1. В да́нных предложе́ниях замени́те вы́деленные слова́ дееприча́стиями.

　（1）Они́ дру́жески разгова́ривали, *когда́ гуля́ли* по па́рку.

　（2）*Так как я был от приро́ды до́брым*, я и́скренно прости́л ему́ на́шу ссо́ру.

　（3）*Когда́ она́ слу́шает меня́*, она́ смо́трит мне в лицо́ мя́гкими глаза́ми.

　（4）*Когда́ встреча́ются на у́лице*, о́бе они́ ещё глаза́ми улыба́ются друг дру́гу.

　（5）Он не сказа́л ни сло́ва, *когда́ проща́лся* с де́вочками.

Зада́ние 2. Да́нные предложе́ния с дееприча́стным оборо́том замени́те синоними́чными констру́кциями.

　（1）Отвеча́я на вопро́с, учени́к о́чень волнова́лся.

　（2）Он посеща́л вече́рние ку́рсы, рабо́тая на заво́де.

　（3）Око́нчив пи́сьма, Степа́н Арка́дьевич придви́нул себе́ бума́ги.

　（4）Прочита́в кни́гу, он впосле́дствии ча́сто говори́л о ней.

　（5）Он верну́лся на ро́дину, око́нчив университе́т.

　（6）Отдохну́в с неде́лю, он сно́ва приня́лся за рабо́ту.

РАЗДÉЛ 3　МАШИНОСТРОÉНИЕ

ОБОРУ́ДОВАНИЕ И ТЕХНОЛО́ГИЯ СВА́РОЧНОГО ПРОИЗВÓДСТВА

Высо́кая эффекти́вность проце́сса сва́рки предопредели́ла её широ́кое распростране́ние во всех о́траслях промы́шленности. Диапазо́н её примене́ния простира́ется от косми́ческих иссле́дований и а́томной энерге́тики до приборостроéния, свя́зи и да́же медици́ны и биотехноло́гии.

Основны́е изуча́емые дисципли́ны：

Теорети́ческая и прикладна́я меха́ника；

Сопротивле́ние материа́лов；

Электроте́хника, электро́ника и автома́тика；

Гидродина́мика и термодина́мика, материалове́дение；

Технология материа́лов；

Эконо́мика и организа́ция произво́дства；

Осно́вы автоматиза́ции и проекти́рования техни́ческих устро́йств и систе́м с испо́льзованием компью́терных техноло́гий；

Теóрия сва́рочных проце́ссов；

Оборýдование сва́рки плавле́нием；

Проекти́рование сварны́х констру́кций；

Техноло́гия сва́рки плавле́нием и терми́ческой ре́зки;

Техноло́гия и обору́дование сва́рки давле́нием;

Произво́дство сварны́х констру́кций;

Систе́мы управле́ния ка́чеством сва́рочного произво́дства;

Систе́мы автомати́ческого проекти́рования в сва́рочном произво́дстве;

Осно́вы автоматиза́ции сва́рочного произво́дства;

Констру́и́рование вспомога́тельного обору́дования;

Контро́ль ка́чества сварны́х констру́кций;

Сва́рка специа́льных ста́лей и спла́вов;

Сва́рочные материа́лы и др.

Но́вые слова́

сва́рка	焊接
предопределя́ть/предопредели́ть	预先决定,预定;注定
распростране́ние	传播,推广,普及
о́трасль	领域,行业,部门(阴)
промы́шленность	工业(阴)
диапазо́н	范围,领域,区域
простира́ться/простере́ться	延伸,扩展;共计,总共有
косми́ческий	宇宙的;航天的;无限的,广泛的
а́томный	原子的
энерге́тика	力能学,动力(学)
приборостро́е́ние	仪器制造,仪表制造业
медици́на	医学
биотехноло́гия	生物工程学,生物工艺学;生物技术
прикладно́й	应用的,实用的
сопротивле́ние	阻力;强度;防抗;抵抗
гидродина́мика	流体动力学,水动力学
термодина́мика	热力学
сва́рочный	焊接的,焊接用的
плавле́ние	熔化,熔解,熔炼
сварно́й	焊接的,熔接的
вспомога́тельный	辅助的,备用的,补充的
сталь	钢(阴)
сплав	合金

Задáния к тéксту

1. Переведúте слéдующие словосочетáния на рýсский язы́к.

(1) 应用范围

(2) 原子能

(3) 材料强度

(4) 熔焊设备

(5) 热切割

(6) 焊接生产自动化

(7) 辅助设备

(8) 焊接材料

2. Переведúте слéдующие словосочетáния на китáйский язы́к.

(1) высóкая эффектúвность

(2) ширóкое распространéние во всех óтраслях промы́шленности

(3) космúческие исслéдования

(4) теоретúческая и прикладнáя механика

(5) технолóгия материáлов

(6) теóрия свáрочных процéссов

(7) технолóгия свáрки плавлéнием

(8) систéма управлéния кáчеством свáрочного производства

3. Отвéтьте на вопрóсы.

(1) Каковá эффектúвность процéсса свáрки?

(2) Что предопределúла эффектúвность процéсса свáрки?

(3) Какóв диапазóн применéния свáрки?

(4) Какúе бывáют технолóгии свáрки?

(5) Какúе совремéнные технолóгии испóльзуются для автоматизáции и проектúрования технúческих устрóйств и систéм?

УРОК 10

РАЗДЕ́Л 1   ТЕКСТ

КИНО́ РОССИ́И (2)

В середи́не ве́ка невероя́тную популя́рность во всём ми́ре получи́ли режиссёры С. Ф. Бондарчу́к и А. А. Тарко́вский. Са́мые изве́стные фи́льмы С. Ф. Бондарчука́—《Судьба́ челове́ка》(1959) по одноимённому расска́зу М. А. Шо́лохова и 《Война́ и мир》(1967), получи́вший пре́мию "О́скар". А. А. Тарко́вского и сего́дня счита́ют велича́йшим режиссёром всех времён. 《Соля́рис》(1972), 《Зе́ркало》(1975), 《Ста́лкер》(1980), 《Ностальги́я》(1983)—все фи́льмы А. А. Тарко́вского получи́ли мно́жество пре́мий и награ́д на разли́чных ко́нкурсах и фестива́лях. Они́ популя́рны да́же сего́дня и произво́дят большо́е впечатле́ние на мно́гих зри́телей.

В 70−е го́ды ещё жива́ па́мять о Вели́кой оте́чественной войне́, наприме́р, в фи́льме А. С. Смирно́ва 《Белору́сский вокза́л》(1970), в невероя́тно популя́рном сериа́ле Т. М. Лионо́зовой 《Семна́дцать мгнове́ний весны́》(1973). Одна́ко са́мым вели́ким (и са́мым стра́шным) фи́льмом о войне́ мно́гие счита́ют карти́ну Э. Г. Кли́мова 《Иди́ и смотри́》(1985).

Фильм о си́ле хара́ктера, о любви́, о карье́ре, об успе́хе в большо́м го́роде—《Москва́ слеза́м не ве́рит》(1980), сня́тый В. В. Меньшо́вым. Он та́кже получи́л пре́мию О́скар. В це́нтре—исто́рии де́вушек, кото́рые перее́хали в большо́й го́род и нашли́ своё сча́стье.

В конце́ XX ве́ка появи́лись режиссёры, кото́рых сра́внивают с вели́кими худо́жниками. Э́то, В. М. Шукши́н—《Кали́на кра́сная》(1973), А. Ю. Ге́рман—《Мой друг Ива́н Лапши́н》(1984), Г. Н. Дане́лия—《Джентльме́ны уда́чи》(1971), Н. С. Михалко́в—《Утомлённые со́лнцем》(1994) и, коне́чно, Л. И. Гайда́й. Его́ фи́льмы: 《Опера́ция "Ы" и други́е приключе́ния Шу́рика》(1965), 《Бриллиа́нтовая рука́》(1968), 《Ива́н Васи́льевич меня́ет профе́ссию》(1973)—зна́ют как взро́слые, так и молоды́е лю́ди по всему́ ми́ру.

В конце́ XX ве́ка—в нача́ле XXI ве́ка стано́вятся популя́рными экраниза́ции класси́ческих литерату́рных произведе́ний. Ма́стером таки́х фи́льмов явля́ется В. В. Бортко́. Его́ фи́льмы: 《Соба́чье се́рдце》(1988), 《Ма́стер и Маргари́та》(2005) по произведе́ниям М. А. Булга́кова, 《Идио́т》(2003) по Ф. М. Достое́вскому.

Совреме́нное кино́ Росси́и де́лится на ма́ссовое, популя́рное и а́вторское, непопуля́рное и малоизве́стное. Режиссёры стара́ются обрати́ться к соверше́нно разли́чным те́мам, пробле́мам исто́рии и́ли совреме́нности.

Пожа́луй, са́мый изве́стный режиссёр в совреме́нной Росси́и—Т. Н. Бекмамбе́тов. Его́ фи́льмы 《Ночно́й дозо́р》（2004）,《Дневно́й дозо́р》（2006）,《Ёлки》（2010, 2011, 2014）зна́ют во всём ми́ре. Ещё оди́н изве́стный режиссёр—Ф. С. Бондарчу́к, кото́рый понача́лу снима́лся в фи́льмах, был актёром, но пото́м на́чал снима́ть со́бственные фи́льмы, как и его́ оте́ц С. Ф. Бондарчу́к. Пе́рвая карти́на Фёдора Серге́евича 《9 ро́та》（2005）расска́зывает о войне́ в Афганиста́не. Сле́дующие фи́льмы 《Обита́емый о́стров》（2008）,《Сталингра́д》（2013）,《Притяже́ние》（2017）,《Вторже́ние》（2020）та́кже обраща́ются к истори́ческим собы́тиям.

Режиссёр, кото́рый снял то́лько пять фи́льмов（среди́ них 《Возвраще́ние》［2003］, 《Еле́на》［2011］,《Нелюбо́вь》［2017］）, но просла́вился на весь мир—Андре́й Звя́гинцев. Наряду́ с ним стои́т Кири́лл Серебря́нников, худо́жественный руководи́тель теа́тра "Го́голь-центр". Его́ фи́льмы 《Изобража́я же́ртву》（2006）,《Учени́к》（2016）,《Ле́то》（2016）получи́ли мно́жество мировы́х награ́д и пре́мий. Ещё оди́н изве́стный режиссёр, звезда́ Ка́ннского кинофестива́ля—К. А. Бала́гов. Са́мый популя́рный его́ фильм 《Ды́лда》（2019）был номини́рован на пре́мию О́скар в 2020 году́.

К сожале́нию, коллекциони́рованию, хране́нию, иссле́дованию исто́рии, распростране́нию ру́сских фи́льмов уделя́ется ма́ло внима́ния: в Росси́и то́лько оди́н музе́й кино́, откры́тый в 2017 году́. Одна́ко все фи́льмы, о кото́рых вы прочита́ли, мо́жно найти́ в сети́ интерне́т.

Зада́ния к те́ксту

I. Вы́учите но́вые слова́ и словосочета́ния.

пре́мия	奖项	мирова́я сла́ва	世界名望
ма́ссовое кино́	大众电影	просла́виться	成名
а́вторское кино́	作者电影	номини́ровать	提名……获奖

II. Отве́тьте на вопро́сы.

1. Назови́те са́мых изве́стных режиссёров второ́й полови́ны XX ве́ка. Чьи карти́ы вы ви́дели?

2. В ва́шей стране́ популя́рно ру́сское кино́? Его́ пока́зывают в кинотеа́трах, по телеви́дению? Е́сли да, то каки́е фи́льмы са́мые изве́стные?

3. Вы смотре́ли сове́тские/росси́йские фи́льмы на ру́сском и́ли родно́м языке́?

4. На каки́е ви́ды де́лится совреме́нное кино́ в Росси́и?

III. Запо́лните про́пуски в соотве́тствии с содержа́нием те́кста.

1. Фильм С. Ф. Бондарчу́ка 《Война́ и мир》（1967）получи́л _____ "О́скар".

2. А. А. Тарко́вского и сего́дня счита́ют велича́йшим _____ всех времён.

3. В конце́ XX ве́ка—в нача́ле XXI ве́ка стано́вятся популя́рными _____ класси́чес-

ких литератýрных произведéний.

4. Совремéнное кинó Росси́и дéлится на ＿＿＿＿＿ и малоизвéстное.

5. Сáмый популя́рный фильм К. А. Балáгова 《Ды́лда》 (2019) был ＿＿＿＿＿ на прéмию Óскар в 2020 годý.

IV. *Соедини́те назвáние фи́льма и егó описáние (Таблица 10. 1).*

Таблица 10. 1

Назвáние фи́льма	Описáние
《Судьбá человéка》	о древнерýсской жи́зни
《Андрéй Рублёв》	о войнé в Афганистáне
《Семнáдцать мгновéний весны́》	исто́рия дéвушек, котóрые переéхали в большóй гóрод и нашли́ своё счáстье
《Москвá слезáм не вéрит》	по одноимённому расскáзу М. А. Шóлохова
《9 рóта》	о Вели́кой отéчественной войнé

V. *Прочитáйте предложéния. Вы соглáсны с тем, что напи́сано. Éсли нет, то испрáвьте ошибки.*

1. Пéрвый фильм А. А. Тарко́вского 《Ивáново дéтство》 (1962) покáзывает рáдости дéтства.

2. Фильм В. В. Меньшóва 《Москвá слезáм не вéрит》 расскáзывает о си́ле харáктера, о любви́, о карьéре, об успéхе в большóм гóроде.

3. В концé XX вéка появи́лись режиссёры, котóрых срáвнивают с вели́кими писáтелями.

4. Режиссёр, котóрый снял тóлько три фи́льма (среди́ них 《Возвращéние》 [2003], 《Елéна》 [2011], 《Нелюбóвь》 [2017]), но прослáвился на весь мир—Андрéй Звя́гинцев.

5. В Росси́и тóлько оди́н музéй кинó, откры́тый в 2017 годý.

РАЗДÉЛ 2　　ГРАММÁТИКА

СОЮЗ

Сою́з—служéбная часть рéчи. Сою́зы свя́зывают словá в предложéнии, чáсто слóжном предложéнии, и отдéльные предложéния в тéксте.

Нам всем дáна Отчи́зна
И прáво жить и петь,
И крóме прáва жи́зни,
И прáво умерéть.
И. П. Ýткин

Сою́з *и* соединя́ет словá в предложéнии.

И Пу́шкин ла́сково гляди́т,

И ночь прошла́,

И га́снут све́чи. . .

А. А. Ахма́това

Сою́з *и* соединя́ет ча́сти сло́жного предложе́ния.

По соста́ву сою́зы де́лятся на просты́е и сло́жные.

Просты́е сою́зы состоя́т из одного́ сло́ва: *а, но, и, и́ли, когда́.*

Сло́жные сою́зы состоя́т из не́скольких слов: *потому́ что, так как, по́сле того́ как.*

По употребле́нию в ре́чи сою́зы де́лятся на *одино́чные*—кото́рые употребля́ются в предложе́нии оди́н раз; *повторя́ющиеся*—оди́н сою́з повторя́ется в предложе́нии не́сколько раз; *двойны́е*—когда́ употребле́ние одного́ сою́за свя́зано с употребле́нием друго́го сою́за.

Одино́чные сою́зы: и, а, но, что и други́е. Я звал тебя́, *но* ты не огляну́лась. (А. А. Блок)

Повторя́ющиеся сою́зы: и. . . и, и́ли. . . и́ли, то. . . то и други́е. Она́ *то* пла́кала, *то* смея́лась.

Двойны́е сою́зы: как—так, не то́лько—но и, е́сли—то, чем—тем, насто́лько—наско́лько и други́е. Чем бо́льше я узнава́л её, *тем* сильне́е люби́л.

По синтакси́ческой фу́нкции сою́зы де́лятся на сочини́тельные и подчини́тельные.

Сочини́тельные сою́зы соединя́ют слова́ в предложе́нии и свя́зывают ча́сти сло́жного предложе́ния: Я черти́л *и* слу́шал му́зыку. Я черти́л, *а* Пётр реша́л зада́чи.

Подчини́тельные сою́зы свя́зывают сложноподчинённые предложе́ния: *Е́сли* бу́дет хоро́шая пого́да, вся на́ша гру́ппа пое́дет на экску́рсию.

Дополни́тельная информа́ция

1. *Сочини́тельные сою́зы* по своему́ значе́нию де́лятся на три гру́ппы:

Соедини́тельные: и, да и други́е.

Раздели́тельные: и́ли, ли́бо, то и други́е.

Противи́тельные: а, зато́, но, одна́ко и други́е.

Я встреча́л сестру́ и бра́та.

На собра́нии бы́ли студе́нты не то́лько пе́рвого, но и второ́го ку́рса.

Я не получи́л ни пи́сем, ни газе́т.

Сде́лайте докла́д и́ли напиши́те статью́. Пойдём в кино́ и́ли на дискоте́ку (на́до вы́брать одно́).

Сего́дня плоха́я пого́да: то дождь, то холо́дный ве́тер (что-то череду́ется).

Я ждала́ тебя́, но ты не пришёл.

Я на́чал писа́ть дипло́м, но рабо́та идёт ме́дленно.

Я ма́ло гуля́л, зато́ подгото́вился к зачёту (выража́ется противопоставле́ние и́ли несоотве́тствие одного́ явле́ния друго́му).

Хоть я и гнусь, но не лома́юсь.

И. А. Крыло́в

2. *Подчини́тельные сою́зы* по своему́ значе́нию де́лятся на во́семь групп:

Изъясни́тельные: что, что́бы. Она́ забы́ла, что её ждут.

Вре́менны́е: когда́, как, лишь, едва́, пока́, то́лько, как то́лько, пре́жде чем, по́сле того́ как, в то вре́мя как и други́е. Как то́лько сдам после́дний экза́мен, пое́ду домо́й.

Причи́нные: потому́ что, оттого́ что, так как, и́бо, ввиду́ того́ что, в связи́ с тем что и други́е. Он не пришёл на уро́к, потому́ что заболе́л.

Целевы́е: что́бы, да́бы, для того́ что́бы, с тем что́бы, зате́м что́бы и други́е. Я прие́хал в Росси́ю, что́бы учи́ться.

Усло́вные: е́сли, е́жели, ко́ли, когда́, раз и други́е. Е́сли пого́да бу́дет хоро́шая, пое́дем за́ город.

Уступи́тельные: хотя́, как ни, несмотря́ на то что и други́е. Хотя́ мы о́чень спеши́ли, ночь заста́ла нас в доро́ге. Несмотря́ на то, что свети́ло со́лнце, бы́ло о́чень хо́лодно.

Сравни́тельные: как, как бу́дто, сло́вно, чем и други́е. Журавли́ лете́ли бы́стро—бы́стро и крича́ли гру́стно, как бу́дто зва́ли с собо́й (А. П. Че́хов).

Сле́дствие: так что. Мо́ре шторми́ло, так что купа́ться бы́ло опа́сно. Мы оде́лись о́чень тепло́, так что моро́з нам не стра́шен.

Сою́зные слова́

В фу́нкции сою́зов употребля́ются относи́тельные местоиме́ния и наре́чия: где, кото́рый, кто, куда́, отку́да, чей, что, заче́м, почему́ и други́е. Они́ называ́ются сою́зными слова́ми. Обы́чно э́ти слова́ присоединя́ют прида́точную часть сло́жного предложе́ния к гла́вной: Я не зна́ю, *где* живёт преподава́тель. Я хорошо́ по́мню ти́хий городо́к, *куда́* ча́сто приезжа́л в де́тстве. Принеси́те, пожа́луйста, кни́ги, *кото́рые* вы бра́ли вчера́.

ПРОВЕ́РЬТЕ СЕБЯ́

Зада́ние. Внима́тельно посмотри́те на да́нную схе́му (Рис. 10. 1). Испо́льзуя её, расскажи́те о сою́зах. Приведи́те приме́ры.

одино́чные | повторя́ющиеся | двойны́е | соедини́тельные | раздели́тельные | противи́тельные

Рис. 10. 1

РАЗДÉЛ 3　СИСТÉМА ОБЕСПÉЧЕНИЯ ДВИЖÉНИЯ ПОЕЗДÓВ

ЭЛЕКТРОСНАБЖÉНИЕ ЖЕЛÉЗНЫХ ДОРÓГ

В систéму электроснабжéния（ЭС）электрифицúрованных желéзных дорóг вхóдят: устрóйства внéшней чáсти, включáющие электростáнции（тепловы́е, гидравлúческие, áтомные）, райóнные трансформáторные подстáнции, сéти и лúнии электропередáчи（ЛЭП）; тя́говая часть, состоя́щая из тя́говых подстáнций и электротя́говой сéти. Электротя́говая сеть, в свою́ óчередь, состоúт из контáктной и рéльсовой сетéй, питáющих и отсáсывающих лúний（фúдеров）.

╭───────────────╮
Нóвые словá
╰───────────────╯

электрифицúрованный	电气化的;电动的
входúть/войтú во что	包括在……之内;进入
устрóйство	设备,装置
электростáнция	发电站
тепловóй	热的,热力的
гидравлúческий	水力的,水压的,液压的
райóнный	区域的,地区的,地方的
трансформáторный	变电的,变压的
подстáнция	变电站,配电站
электропередáча	输电,送电
тя́говый	牵引的
состоя́ть из когó-чегó	由……组成;包括
электротя́говый	电力牵引的
в свою́ óчередь	首先
контáктный	接触的
рéльсовый	轨道的
питáющий	供电的;供给的
отсáсывающий	吸取的,吸出的,抽出的
фúдер	馈(电)线

Задáния к тéксту

1. Переведúте слéдующие словосочетáния на рýсский язы́к.

（1）供电系统

（2）外部设备

（3）牵引变电站

（4）电力牵引网

（5）热电站

（6）水电站

（7）核电站

2．Переведи́те сле́дующие словосочета́ния на кита́йский язы́к.

（1）райóнная трансформáторная подстáнция

（2）в свою́ óчередь

（3）контáктная сеть

（4）ре́льсовая сеть

（5）питáющая ли́ния

（6）отсáсывающая ли́ния

3．Состáвьте предложéния, испóльзуя сле́дующие нóвые словá.

（1）входи́ть во что

（2）состоя́ть из чегó

（3）включáть что

4．Отвéтьте на вопрóсы.

（1）Что вхóдит в систéму электроснабжéния электрифици́рованных желéзных дорóг?

（2）Что включáют в себя́ устрóйства внéшней чáсти?

（3）Из чегó состои́т электротя́говая сеть?

УРО́К 11

РАЗДЕ́Л 1   ТЕКСТ

МУ́ЗЫКА В РОССИ́И (1)

Мно́гие лю́ди задаю́тся вопро́сом: заче́м лю́дям нужна́ му́зыка, мо́жно ли жить без му́зыки, кака́я му́зыка пра́вильная, почему́ нам не надоеда́ет му́зыка? Слу́шая му́зыку, мы получа́ем удово́льствие. Она́ заставля́ет нас о чём-то заду́мываться, мечта́ть. Она́ да́рит нам печа́ль и́ли ра́дость, смех или тоску́ и мно́го други́х чувств. Му́зыка уво́дит нас в како́й-то таи́нственный мир, где мы са́ми твори́м то, что нам предста́вится. Без му́зыки мо́жно прожи́ть, но заче́м лиша́ть себя́ удово́льствия эстети́ческого позна́ния ми́ра?

Поговори́м о сти́лях му́зыки и представи́телях э́тих сти́лей в Росси́и. Среди́ основ- ны́х выделя́ют класси́ческую му́зыку, популя́рную, рок, джаз, хип-хоп, электро́нную му́зыку, наро́дную му́зыку, шансо́н. Ка́ждый стиль характеризу́ется свои́ми осо́беннос- тями, и ча́сто они́ кардина́льно отлича́ются друг от дру́га. Ка́ждому челове́ку бли́зок свой жанр, но ча́сто лю́дям мо́жет нра́виться и не́сколько сти́лей му́зыки одновре́менно.

Класси́ческая му́зыка предста́влена таки́ми вели́кими компози́торами, как Мо́царт, Бах, Бетхо́вен, Шопе́н, кото́рых зна́ют во всём ми́ре. Среди́ них сто́ит упомяну́ть о ве- ли́ком ру́сском компози́торе Петре́ Ильиче́ Чайко́вском. Он роди́лся в 1840 году́ в Вя́тс- кой губе́рнии. Тво́рчество Чайко́вского предста́влено деся́тью о́перами, тремя́ бале́тами, семью́ симфо́ниями и мно́гими други́ми произведе́ниями. Чайко́вский явля́ется одни́м из велича́йших компози́торов ми́ра, я́рким представи́телем музыка́льного романти́зма и од- ни́м из выдаю́щихся драмату́ргов-психо́логов в му́зыке. Бале́ты《Лебеди́ное о́зеро》《Ще- лку́нчик》《Спя́щая краса́вица》ста́вились на всех больши́х сце́нах ми́ра. Не ме́нее изве́ст- ны и о́перы《Евге́ний Оне́гин》《Пи́ковая да́ма》《Унди́на》и други́е. Мо́жно мно́го гово- ри́ть об э́том вели́ком челове́ке. Он был не то́лько компози́тором, но и педаго́гом, ди- рижёром, музыка́льным кри́тиком.

Среди́ совреме́нных представи́телей "кла́ссики" выделя́ется Дени́с Мацу́ев, росси́йс- кий пиани́ст-виртуо́з и обще́ственный де́ятель. Сто́ит отме́тить, что Мацу́ев изве́стен и в Кита́е, так как неоднокра́тно выступа́л на больши́х сце́нах Пеки́на, Шанха́я и други́х го- родо́в. Дени́с Мацу́ев роди́лся в Ирку́тске в 1975 году́ в музыка́льной семье́. Роди́тели- музыка́нты стара́лись с ра́нних лет разви́ть в нём на́выки игры́ на фортепиа́но, приучи́ть ребёнка к му́зыке. В 1990 году́ Дени́с вме́сте с семьёй перее́хал в Москву́, что́бы учи́ться в Центра́льной музыка́льной шко́ле. Изве́стность он обрёл по́сле получе́ния пре́мии

Междунарóдного кóнкурса П. И. Чайкóвского в 1998 годý. Прослáвился Денúс тем, что в своéй игрé он совмещáет новáторство и традúции рýсской фортепиáнной шкóлы. В февралé 2014 гóда он выступáл на закрытии зúмних Олимпúйских игр в Сóчи. Денúс Мацýев тáкже óчень лю́бит джаз, игрáть в футбóл, тéннис, бóулинг.

Задáния к тéксту

I. Выучите нóвые словá и словосочетáния.

задавáться вопрóсом	提出问题	хип-хóп	说唱乐, 嘻哈音乐
шансóн	尚松(法国声乐体裁)	надоедáть	使厌烦
кардинáльно	从根本上说	удовóльствие	快乐
жанр	类型, 体裁	печáль	悲伤(阴)
симфóния	交响曲	тоскá	忧愁
романтúзм	浪漫主义	таúнственный	神秘的
дирижёр	指挥	лишáть	剥夺
виртуóз	音乐家, 大师	эстетúческий	美学的
стиль	风格(阳)	обрестú (что?) извéстность	获得名声
джаз	爵士乐	новáторство	创新

II. Ответьте на вопрóсы.

1. Как вы дýмаете, почемý лю́ди лю́бят слýшать мýзыку?

2. Какúе основные музыкáльные стúли вы знáете?

3. Когó из представúтелей классúческой мýзыки вы знáете и слýшаете?

4. Какúе жáнры мýзыки нрáвятся вам?

5. Где вы обычно слýшаете мýзыку?

III. Заполните прóпуски в соотвéтствии с содержáнием тéкста.

1. Мнóгие лю́ди задаю́тся _____: зачéм лю́дям нужнá мýзыка?

2. Слýшая мýзыку, мы получáем _____.

3. Не _____ тóлько хорóшая мýзыка, котóрая подхóдит конкрéтному человéку.

4. Чáсто музыкáльные стúли _____ отличáются друг от дрýга.

5. Денúс Мацýев в своéй игрé совмещáет _____ и традúции рýсской фортепиáнной шкóлы.

IV. Соедини́те слова́ и их сино́нимы (Табли́ца 11. 1).

Табли́ца 11. 1

Слова́	Сино́нимы
надоеда́ть	станови́ться неинтере́сным, ску́чным
удово́льствие	ра́дость, прия́тность
печа́ль	грусть, тоска́
лиша́ть	отнима́ть, отбира́ть
виртуо́з	отли́чный музыка́нт, ма́стер, золоты́е ру́ки
нова́торство	нововведе́ние, обновле́ние

V. Прочита́йте предложе́ния. Вы согла́сны с тем, что напи́сано? Éсли нет, то испра́вьте оши́бки.

1. Без му́зыки нельзя́ прожи́ть.

2. Му́зыка о́чень индивидуа́льна: одному́ челове́ку нра́вится класси́ческая му́зыка и он никогда́ не поймёт друго́го, кото́рому нра́вится клу́бная му́зыка.

3. Челове́ку мо́жет нра́виться то́лько оди́н стиль му́зыки.

4. Одни́м из са́мых изве́стных компози́торов Росси́и явля́ется П. И. Чайко́вский.

5. Дени́с Мацу́ев—тала́нтливейший скрипа́ч-виртуо́з.

РАЗДЕ́Л 2   ГРАММА́ТИКА

ЧАСТИ́ЦЫ

Части́цы—э́то служе́бная часть ре́чи, включа́ющая неизменя́емые слова́, кото́рые уча́ствуют в образова́нии слов и форм (*бы, то*), выража́ют отноше́ние говоря́щего к действи́тельности (*бу́дто, такй*), оформля́ют вопро́с (*ли*), отрица́ние (*не, ни*), прида́ют дополни́тельные смысловы́е и́ли эмоциона́льные отте́нки (*ведь, же, ну, и, и́менно, лишь, то́лько*).

По своему́ происхожде́нию части́цы свя́заны с други́ми частя́ми ре́чи:

1. *С сою́зами:* а, да, же и други́е.

2. *С наре́чиями:* ещё, лишь, то́лько и други́е.

3. *С местоиме́ниями:* то, э́то, себе́ и други́е.

4. *С глаго́лами:* бы, бы́ло, ведь, дава́й и други́е.

5. *С междоме́тиями:* вон, ну и други́е.

По синтакси́ческой фу́нкции части́цы близки́ к сою́зам. Осо́бенно э́то я́сно ви́дно на приме́ре це́лого те́кста. Части́цы слу́жат для оформле́ния нача́ла выска́зывания, для перехо́да от одно́й мы́сли к друго́й, для выраже́ния то́чки зре́ния говоря́щего и т. д.

Роль части́ц в ре́чи о́чень велика́. Части́цы занима́ют одно́ из пе́рвых мест среди́ наибо́лее употреби́тельных слов. В основно́м части́цы употребля́ются в разгово́рной ре́чи, в худо́жественной литерату́ре и публици́стике.

По значе́нию и *по ле́ксико-граммати́ческой ро́ли* части́цы де́лятся на четы́ре гру́ппы.

I. Части́цы, выража́ющие *дополни́тельные смыслов́ые значе́ния.*

1. *Указа́тельные:* вон, вот, э́то и други́е.

Э́ти части́цы ука́зывают на предме́ты и э́тим значе́нием выделя́ют их в ре́чи: Вот ме́льница! Она́ уж развали́лась (А. С. Пу́шкин).

Указа́тельное значе́ние части́цы *вот* мо́жет осложня́ться доба́вочными отте́нками. Части́ца *вот* мо́жет означа́ть нача́ло де́йствия, перехо́да от одно́й мы́сли к друго́й:

Вот ме́льник мой к нему́ подхо́дит
И речь кова́рную заво́дит. (А. С. Пу́шкин)
Вот я и ду́маю...

Части́ца *вот* испо́льзуется при переда́че и́ли вруче́нии чего́-либо, при перечисле́нии каки́х-либо де́йствий:

Вот вам тетра́дь и ру́чка, пиши́те! *Вот* ребя́та подбежа́ли к ма́льчику, *вот* они́ побежа́ли вме́сте, *вот* они́ скры́лись, *вот* появи́лись опя́ть...

В сочета́нии с относи́тельными местоиме́ниями и наре́чиями части́ца *вот* слу́жит для уточне́ния и усиле́ния сло́ва: Ведь *вот* како́й хара́ктер у челове́ка си́льный!

Части́ца *э́то*, как и части́ца *вот*, мо́жет употребля́ться для усиле́ния значе́ния слов: И отку́да *э́то* сто́лько наро́ду набрало́сь? (А. П. Че́хов) Ты что же *э́то* ничего́ не пи́шешь?

2. *Определи́тельные:* и́менно, как раз, почти́, ро́вно, про́сто, чуть не, точь-в-точь и други́е.

Э́ти части́цы уточня́ют смысл сло́ва и́ли выска́зывания: Ты мне *как раз* и ну́жен. Это был *то́чно* он, но как он постаре́л. Я *чуть не* запла́кала. *И́менно* её он хоте́л ви́деть. Вы́шло всё *точь-в-точь* так, как я и предполага́л.

Части́цы *почти́, приблизи́тельно, ро́вно* слу́жат для уточне́ния с коли́чественным отте́нком: В то вре́мя я был почти́ ребёнком. Уе́хал он *приблизи́тельно* в ма́е. Истра́тил сего́дня *ро́вно* 20 рубле́й.

Части́ца *ро́вно* мо́жет употребля́ться в значе́нии "соверше́нно, совсе́м": Он не обраща́ет на меня́ *ро́вно* никако́го внима́ния.

Части́ца *чуть* мо́жет име́ть значе́ние "почти́": Я земно́й шар *чуть* не весь обошёл. (В. В. Маяко́вский)

3. *Выдели́тельно-ограничи́тельные:* всего́, лишь, лишь то́лько, ещё то́лько, еди́нственно, исключи́тельно, хотя́ бы и други́е.

Э́ти части́цы придаю́т ограничи́тельный отте́нок, выделя́я сло́во логи́чески: Мой оте́ц жени́лся на мое́й ма́тери, когда́ ему́ бы́ло 45 лет, а ей *то́лько* 17 (А. П. Че́хов). Весна́ была́ *ещё то́лько* в нача́ле. Всё э́то он говори́л *еди́нственно* для того́, что́бы понра́виться. Путеше́ственники пита́лись *исключи́тельно* консе́рвами. Оста́лось *всего́-на́всего* 10 рубле́й. Опя́ть у меня́ неприя́тности, а *всё* из-за тебя́.

Как хо́чется, что́бы случи́лось хоть ма́ленькое чу́до!

4. *Усилительные*: даже, даже и, ещё, те, и, ну, определённо, положительно, решительно, то, ужé, уж и другие. Эти частицы усиливают смысл слóва или выскáзывания, выделяя егó.

Он *же* вам сказáл об э́том!

Об э́том не нáдо *даже* дýмать! Не хочý с ним и здорóваться! *Ужé* трéтий раз вам объясняю, а вы всё не понимáете!

Уж éсли князь берёт себé невéсту,

Кто мóжет помешáть емý? (А. П. Пýшкин)

Частица *ещё* употребляется в разговóрной рéчи для подчёркивания какóго-либо фáкта: А где ваш рóдственник? Такóй высóкий? Он *ещё* хотéл женúться.

В разговóрной рéчи широкó употребляется частица *ну*: *Ну* э́то óчень прóсто! *Ну* пойдём скорéе! *Ну*, конéчно, знáю.

Фýнкцию усилéния выполняют словá: *определённо, положительно, решительно, прóсто*: *Определённо* мы опоздáем на пóезд. Это *прóсто* ошúбка. Я *решительно* прóтив.

Эти частицы тáкже харáктерны и для разговóрной рéчи.

II. Частицы, *вносящие эмоционáльные оттéнки*: ведь, как, ну, и, о, что за и другие.

Эти частицы не внóсят смысловы́х оттéнков, а выражáют эмóции: Любóвь былá не настоящая, *но ведь* мне казáлось тогдá, что онá настоящая (М. И. Цветáева). *Ведь* я тебя так ждал! *Ну и* артúст же ты! *То-то* былá дéтям рáдость! *То-то* он не смóтрит мне в глазá. *Что* ты *за* человéк! Онá обещáла приéхать чéрез мéсяц, но *кудá там*. О, éсли бы я знал э́то рáньше! *Ну и ну*.

III. *Модáльные частицы*.

Эти частицы выражáют отношéние говорящего к действúтельности, тóчку зрéния говорящего на сообщáемые фáкты, на действúтельность.

1. Модáльные частицы, котóрые выражáют вóлю говорящего: бы, да, давáй, дай-ка, ну, пускáй, пусть и другие. Покурúть *бы* сейчáс. *Ну* идú! *Ну-ка* помогúте емý! *Пусть* бýдут счáстливы все! *Давáй* останóвимся, я óчень устáл. *Давáй-ка* отдохнём. *Дáйте-ка* я посмотрю вáшу рабóту. *Открóйте-ка* тетрáди и пишúте! *Да* здрáвствует разýм!

И дни твои полётом сновидéнья

Да пролетят в счастлúвой тишинé. (А. С. Пýшкин)

2. Модáльные частицы, котóрые выражáют отношéние к достовéрности собы́тий: бы́ло, бýдто, бýдто бы, едвá ли, едвá ли не, как бýдто, слóвно. Эти частицы подтверждáют достовéрность фáктов, их возмóжность, необходúмость и т. д., а тáкже употребляются при сопоставлéнии чегó-либо: Мне сказáли, что я дóлжен вы́полнить два *бýдто бы* неотлóжных дéла. *Едвá ли* всё бы́ло так, как ты расскáзываешь.

Люблю грозý в начáле мáя,

Когдá весéнний пéрвый гром,

Как бы резвя́ся и игра́я,

Грохо́чет в не́бе голубо́м. (Ф. И. Тю́тчев)

Части́ца *бы́ло* с глаго́лом проше́дшего вре́мени соверше́нного ви́да обознача́ет де́йствие, кото́рое начало́сь, но не соверши́лось из-за како́й-то поме́хи: *Хоте́л я было* поза́втракать, но не удало́сь.

3. Мода́льные части́цы с утверди́тельным значе́нием: да, так, то́чно, а́га и други́е: *Да*, вы хоро́ший челове́к! *Да, да*, входи́те! *Так*, пра́вильно, вы не оши́блись. *То́чно*, ты прав! Я реши́л э́ту зада́чу *то́чно* так же, как и ты.

Сино́нимы части́цы *да*:

$\begin{cases} \text{коне́чно, непреме́нно} \\ \text{ещё бы} \\ \text{несомне́нно} \\ \text{пожа́луй и други́е} \end{cases}$

—Пойдёшь со мной на э́тот фильм?

—Ещё бы!

4. Мода́льные отрица́тельные части́цы: не, ни, нет. Это основно́е сре́дство выраже́ния отрица́ния в ру́сском языке́: Я *не* люблю́ э́тот го́род. Мне нужна́ *не* ру́чка, а каранда́ш. Это *не* моя́ кни́га.

Для усиле́ния отрица́ния ча́сто испо́льзуется части́ца *ни*: У меня́ нет *ни* мину́ты.

Усиле́ние отрица́ния происхо́дит та́кже при употребле́нии:

(1) с части́цей *не* слов *во́все, далеко́, отню́дь*: *далеко́ не* умён, *во́все* я э́того *не* говори́л, э́то *отню́дь не* лу́чший студе́нт;

(2) с части́цей *ни* уменьши́тельных форм наре́чий и́ли существи́тельных: *ни* ка́пельки *не* бою́сь, *ни* чу́точки *не* испуга́лся.

Отрица́тельная части́ца *нет* употребля́ется при отрица́тельном отве́те на вопро́с:

—Вы написа́ли конспе́кт?

—*Нет*, не написа́л.

—Вы не принесли́ э́ту кни́гу?

—*Нет*, не принёс.

Для усиле́ния отрица́ния части́ца *нет* повторя́ется и́ли употребля́ется пе́ред сло́вом с части́цей *не* и́ли *ни*: *Нет, нет*, спаси́бо, я не бу́ду за́втракать. *Нет, не* могу́ реши́ть э́ту зада́чу. *Нет ни* одного́ знако́мого челове́ка! Пло́хо ей, *нет ни* здоро́вья, *ни* сча́стья.

Констру́кция с двойны́м отрица́нием *не* име́ет положи́тельное значе́ние и испо́льзуется для утвержде́ния:

Не могу́ *не* сде́лать э́того. *Не* могу́ *не* сказа́ть.

5. Вопроси́тельные части́цы оформля́ют вопро́с и вме́сте с интона́цией вно́сят допо́лни́тельные эмоциона́льные отте́нки: а, да, да ну, ли, неуже́ли, ра́зве: *Ра́зве* вы не по́няли меня́? *Неуже́ли* ты мне не ве́ришь? Надо́лго *ли* прие́хали? Как вы ду́маете, *а*? Вам жаль меня́? *А*?

Части́ца *а* мо́жет испо́льзоваться при повторе́нии: Са́ша, *а* Са́ша, ты не слы́шишь меня́?

6. К мода́льным части́цам отно́сятся части́цы разгово́рного хара́ктера: де, де́скать, мол, я́кобы—кото́рые употребля́ются для переда́чи и оце́нки чужо́й ре́чи.

Наибо́лее распространённое значе́ние э́тих части́ц—выраже́ние сомне́ния в и́стинности чужи́х выска́зываний и́ли несогла́сия: Он взял академи́ческий о́тпуск *я́кобы* по боле́зни. Говори́л, *мол*, пло́хо себя́ чу́вствует.

IV. *Словообразу́ющие и формообразу́ющие части́цы.*

Э́ти части́цы выполня́ют в ре́чи двойну́ю фу́нкцию: выража́ют дополни́тельные смыслвы́е отте́нки и образу́ют но́вые слова́ и́ли фо́рмы.

Части́цы *ко́е-*, *-либо*, *-нибудь*, *-то* слу́жат для образова́ния неопределённых местоиме́ний и наре́чий: кто́-то, кто́-нибудь, ка́к-нибудь, ко́е-как, како́й-либо и т. д.

Отрица́тельные части́цы *не* и *ни* слу́жат для образова́ния отрица́тельных и неопределённых местоиме́ний и наре́чий: не́кто, не́что, не́куда, никто́, ничто́, никуда́ и т. д.

С части́цей *не* образу́ются слова́-анто́нимы: сча́стье—несча́стье, интере́сный—неинтере́сный, смешно́—несмешно́.

Формообразу́ющие части́цы слу́жат для образова́ния граммати́ческих форм.

Части́ца *бы* (*б*) испо́льзуется при образова́нии сослага́тельного наклоне́ния:

Я *бы* с удово́льствием *посмотре́ла* э́тот фильм.

Части́цы *да*, *пуска́й*, *пусть* уча́ствуют в образова́нии повели́тельного наклоне́ния: *Да* здра́вствует со́лнце, *да* скро́ется тьма! (А. С. Пу́шкин) *Пусть* ве́чно живёт на́ша дру́жба!

Части́ца *быва́ло* придаёт значе́ние многокра́тности де́йствия в про́шлом:

Быва́ло, в до́лгие зи́мние вечера́ ба́бушка расска́зывала мне ска́зки.

Со мной, *быва́ло*, в воскресе́нье,

Здесь над окно́м, наде́в очки́,

Игра́ть изво́лил в дурачки́ (А. С. Пу́шкин).

Части́ца *бы́ло* придаёт значе́ние невозмо́жности заверши́ть де́йствие всле́дствие каки́х-либо причи́н:

Я хоте́л *бы́ло* начерти́ть чертёж, но не смог заста́вить себя́ рабо́тать.

Части́ца-*ся* (*-сь*), слу́жащая для образова́ния возвра́тных глаго́лов, отде́льно не употребля́ется (она́ ста́ла ча́стью сло́ва).

ПРОВÉРЬТЕ СЕБЯ́

Задáние. Испóльзуя схéму (Рис. 11.1), расскажи́те о части́цах. Приведи́те примéры.

указáтельные	определи́тельные	выдели́тельно-ограничи́тельные	врéменные	волевые	выражáющие отношéние к достовéрности собы́тий	утверди́тельные	отрицáтельные	вопроси́тельные	для передáчи и оцéнки чужóй рéчи	коé-, -либо, -нибудь,-то	не и ни	не	бы	да, пускáй, пусть, бывáло, бы́ло

Рис. 11.1

РАЗДÉЛ 3   СИСТÉМА ОБЕСПÉЧЕНИЯ ДВИЖÉНИЯ ПОЕЗДÓВ

РАДИОТЕХНИ́ЧЕСКИЕ СИСТÉМЫ НА ЖЕЛЕЗНОДОРÓЖНОМ ТРÁНСПОРТЕ

Специализáция "Радиотехни́ческие систéмы на железнодорóжном трáнспорте"—однá из сáмых перспекти́вных в óбласти телекоммуникáций. Совремéнный человéк нуждáется в акти́вном общéнии не тóлько непосрéдственно, но и на расстоя́нии, что станóвится возмóжным при нали́чии операти́вной моби́льной свя́зи с пóмощью соотвéтствующих средств. В настоя́щее врéмя дáнная óбласть наýки и тéхники развивáется наибóлее динами́чно. Проекти́рование, внедрéние и эксплуатáция систéм сóтовой, трáнкинговой и профессионáльной моби́льной свя́зи трéбует фундаментáльных знáний в таки́х областя́х, как вычисли́тельная тéхника и информациóнные технолóгии, схемотéхника, построéние телекоммуникациóнных сетéй и систéм, в том числé систéм подви́жной радиосвя́зи.

Формировáние э́тих знáний бази́руется на освоéнии основны́х раздéлов вы́сшей матемáтики, фи́зики, информáтики, электротéхники, электрóники, теóрии электри́ческой свя́зи. Специáльная подготóвка предусмáтривает изучéние распространéния радиоволн; антéнно-фи́дерных устрóйств; проблéм электромагни́тной совмести́мости; спóсобов модуля́ции и мéтодов многостанциóнного дóступа; устрóйств генери́рования, приéма и обрабóтки радиосигнáлов; сигнáльных процéссоров и совремéнных средств коммутáции в систéмах подви́жной радиосвя́зи.

Но́вые слова́

перспекти́вный	有前途的	информацио́нный	信息的
нужда́ться в чём	需要	разде́л	篇,章;部分
непосре́дственно	直接地	бази́роваться на чём	基于
расстоя́ние	距离	освое́ние	掌握
при нали́чии кого́-чего́	在具备……的条件下	схемоте́хника	电路技术;电路学
генери́рование	发生,产生;振荡	с по́мощью кого́-чего́	借助于……;在……的帮助下
радиоволна́	无线电波	анте́нно-фи́дерный	天线馈线的
соотве́тствующий	相应的;适当的	модуля́ция	调整,调制
внедре́ние	推行,推广	многостанцио́нный	多站的
тре́бовать/потре́бовать	要求;需要	информа́тика	信息技术;信息学
профессиона́льный	专业的;职业的	радиосигна́л	无线电信号
эксплуата́ция	使用,运行	сигна́льный	信号的
фундамента́льный	基本的	проце́ссор	处理器
вычисли́тельный	计算的		

Зада́ния к те́ксту

1. Переведи́те сле́дующие словосочета́ния на ру́сский язы́к.

(1) 无线电系统

(2) 基础知识

(3) 计算技术

(4) 信息技术

(5) 电信网络

(6) 高等数学

(7) 无线电波传播

(8) 信号处理器

2. Переведи́те сле́дующие словосочета́ния на кита́йский язы́к.

(1) перспекти́вная специализа́ция

(2) нужда́ться в акти́вном обще́нии на расстоя́нии

(3) операти́вная моби́льная связь

(4) подви́жная радиосвя́зь

(5) анте́нно-фи́дерное устро́йство

(6) спо́соб модуля́ции

（7）многостанцио́нный до́ступ

（8）устро́йство генери́рования приёма

（9）обрабо́тка радиосигна́лов

3. Отве́тьте на вопро́сы.

（1）В како́м обще́нии нужда́ется совреме́нный челове́к?

（2）Что позволя́ет сде́лать возмо́жным обще́ние на расстоя́нии?

（3）Кака́я о́бласть нау́ки и те́хники развива́ется наибо́лее динами́чно в настоя́щее вре́мя?

（4）Каки́е фундамента́льные зна́ния необходи́мы для проекти́рования, внедре́ния и эксплуата́ции систе́м со́товой, тра́нкинговой и профессиона́льной моби́льной свя́зи?

（5）На чём бази́руется формирова́ние тре́буемых зна́ний в о́бласти радиотехни́ческих систе́м?

УРО́К 12

РАЗДЕ́Л 1 ТЕКСТ

МУ́ЗЫКА В РОССИ́И (2)

Популя́рная му́зыка—произведе́ния разли́чных музыка́льных жа́нров, ориенти́рованные на широ́кую пу́блику. Поп-му́зыка характеризу́ется лёгкостью восприя́тия, э́ту му́зыку легко́ понима́ют все лю́ди. Представи́телями эстра́ды бы́ли Фрэнк Сина́тра, Ба́рбара Стре́йзанд и мно́го други́х изве́стных исполни́телей. Среди́ росси́йских поп-исполни́телей мно́жество я́рких звёзд. Э́то и представи́тели ста́ршего поколе́ния, таки́е как А́лла Пугачёва, Фили́пп Кирко́ров, Софи́я Рота́ру. Э́ти арти́сты спе́ли огро́мное коли́чество пе́сен, кото́рые зна́ет наизу́сть ка́ждый ру́сский челове́к. Среди́ молодо́го поколе́ния та́кже мно́го блестя́щих исполни́телей. Мо́жно вспо́мнить таки́х арти́стов, как Пелаге́я, Серге́й Ла́зарев, Ёлка, Кристи́на Орбака́йте и, коне́чно, Ди́ма Била́н. Он принёс пе́рвую в исто́рии Росси́и побе́ду на музыка́льном ко́нкурсе "Еврови́дение" в 2008 году́ с пе́сней 《Believe》. Та́кже сто́ит вспо́мнить о популя́рных не то́лько в Росси́и, но и в Кита́е исполни́телях. Э́то певе́ц Ви́тас и певи́ца Поли́на Гага́рина. Ви́тас просла́вился исполне́нием пе́сен в ра́зных жа́нрах фальце́том. Наибо́лее изве́стные хиты́ в его́ исполне́нии—《О́пера №2》 и 《Седьмо́й элеме́нт》.

Поли́на Гага́рина явля́ется не то́лько певи́цей, но и актри́сой кино́, телеви́дения. Та́кже она́ фотомоде́ль. Представля́ла Росси́ю на "Еврови́дении-2015", заня́в второ́е ме́сто. Зри́тели и слу́шатели Росси́и и Кита́я полюби́ли её не то́лько за потряса́ющий го́лос, но и за вне́шнюю красоту́ и обая́ние.

Рок-му́зыка явля́ется специфи́ческим жа́нром. Сло́во рок в да́нном слу́чае ука́зывает на характе́рные для э́того направле́ния ритми́ческие ощуще́ния. Содержа́ние пе́сен варьи́руется от лёгкого и непринуждённого до мра́чного, глубо́кого и филосо́фского. Ча́сто рок-му́зыка противопоставля́ется поп-му́зыке. Рок подразумева́ет обяза́тельное испо́льзование музыка́льных инструме́нтов: гита́ра, бас-гита́ра, бараба́ны и друго́е—обяза́тельно сопровожда́ется "живы́м" пе́нием и му́зыкой, то есть исполня́ется без испо́льзования фоногра́ммы. Ру́сский рок име́ет свою́ исто́рию и тради́ции. Зароди́лся он в 1960-е го́ды, но цензу́ра при Сове́тском Сою́зе меша́ла разви́тию э́того жа́нра. В конце́ 1980-х годо́в появи́лась свобо́да тво́рчества, что привело́ к появле́нию мно́гих коллекти́вов, кото́рые популя́рны и сейча́с. Пе́сни таки́х рок-групп, как 《Кино́》 《А́рия》 《Маши́на вре́мени》 《ДДТ》 《Али́са》, зна́ют и пою́т мно́гие лю́ди. Хотя́ в ру́сском ро́ке существу́ют все те же жа́нры и сти́ли, что и в мирово́м, у него́ есть и свои́ национа́льные осо́бенности, свя́занные с испо́льзованием ру́сского ме́лоса. Кро́ме того́, ру́сский рок де́лает акце́нт на поэ́зию и пода́чу те́кста.

Всё бо́льшую популя́рность среди́ молодёжи набира́ет тако́й музыка́льный жанр, как рэп. Рэп—это мелодизи́рованный речитати́в. Текст пе́сни не поётся, а чита́ется в бы́стром те́мпе. Рэп—оди́н из основны́х элеме́нтов сти́ля хип-хо́п, поэ́тому те́рмин ча́сто испо́льзуется как сино́ним поня́тия "хип-хо́п". Я́ркими представи́телями ру́сского рэ́па явля́ются Дельфи́н, Oxxxymiron, Ба́ста, Ти́мати и мно́гие други́е.

О́чень популя́рна среди́ молодёжи и "клу́бная" му́зыка. Она́ характеризу́ется высо́кой ритми́чностью, так как она́ должна́ вызыва́ть жела́ние танцева́ть. Э́та му́зыка ча́ще всего́ электро́нная, со́зданная с по́мощью компью́тера.

Други́е музыка́льные жа́нры та́кже акти́вно развива́ются в Росси́и. Они́ не так популя́рны, но име́ют свои́х цени́телей. Э́то и джаз, и шансо́н, и всевозмо́жные ви́ды хард-ро́ка. Не сто́ит забыва́ть и о наро́дной му́зыке и пе́снях. Наро́дная му́зыка явля́ется носи́телем культу́рной па́мяти и тради́ций ру́сского наро́да.

Зада́ния к те́ксту

I. Вы́учите но́вые слова́ и словосочета́ния.

восприя́тие	感知	варьи́роваться	变化
эстра́да	舞台	непринуждённый	毫不拘束的
наизу́сть	背熟,记熟	мра́чный	阴沉的
блестя́щий	闪闪发光的	противопоставля́ться	对抗;比较
исполни́тель	表演者,演唱者(阳)	подразумева́ть	意思是,指的是
фальце́т	假声	трудоёмкий	吃力的,繁重的
пу́блика	公众;观众	фоногра́мма	原声带
хит	最流行歌曲	цензу́ра	检查制度
обая́ние	魅力	ме́лос	旋律因素
специфи́ческий	特殊的	речитати́в	(歌剧中的)宣叙调

II. Отве́тьте на вопро́сы.

1. Чем характеризу́ется поп-му́зыка?

2. Како́й жанр противопоставля́ется поп-му́зыке? Почему́?

3. Како́й жанр набира́ет всё бо́льшую популя́рность в Росси́и среди́ молодёжи? Как вы ду́маете, почему́?

4. Каки́е жа́нры му́зыки популя́рны в ва́шей стране́, а каки́е нра́вятся вам?

III. Запо́лните про́пуски в соотве́тствии с содержа́нием те́кста.

1. Поп-му́зыка характеризу́ется лёгкостью _____, э́ту му́зыку легко́ понима́ют все лю́ди.

2. Пе́сни А́ллы Пугачёвой, Фили́ппа Кирко́рова, Софи́и Рота́ру, Григо́рия Ле́пса зна́-ет _____ ка́ждый ру́сский челове́к.

3. Среди́ молодо́го поколе́ния та́кже мно́го блестя́щих _____: Пелаге́я, Серге́й Ла́зарев, Ёлка, Кристи́на Орбака́йте и, коне́чно, Ди́ма Била́н.

4. Ви́тас просла́вился исполне́нием пе́сен в ра́зных жа́нрах _____.

5. Зри́тели и слу́шатели Росси́и и Кита́я полюби́ли Поли́ну Гага́рину не то́лько за потряса́ющий го́лос, но и за вне́шнюю красоту́ и _____.

6. Рок обяза́тельно сопровожда́ется "живы́м" пе́нием и му́зыкой, то есть без испо́льзования _____.

IV. *Соедини́те музыка́льные направле́ния и их описа́ние (Табли́ца 12. 1).*

Табли́ца 12. 1

Музыка́льные направле́ния	Описа́ние
поп–му́зыка	текст пе́сни не поётся, а чита́ется в бы́стром те́мпе; речитати́в
рок–му́зыка	носи́тель культу́рной па́мяти и тради́ций наро́да
рэп	содержа́ние пе́сен варьи́руется от лёгкого и непринуждённого до мра́чного, глубо́кого и филосо́фского
клу́бная му́зыка	произведе́ния разли́чных музыка́льных жа́нров, ориенти́рованные на широ́кую пу́блику
наро́дная му́зыка	характеризу́ется высо́кой ритми́чностью, так как она́ должна́ вызыва́ть жела́ние танцева́ть

V. *Прочита́йте предложе́ния. Вы согла́сны с тем, что напи́сано? Если нет, то испра́вьте оши́бки.*

1. Популя́рная му́зыка—произведе́ния разли́чных музыка́льных жа́нров, ориенти́рованные на у́зкую пу́блику.

2. Ди́ма Била́н принёс пе́рвую в исто́рии Росси́и побе́ду на музыка́льном ко́нкурсе "Еврови́дение" в 2008 году́ с пе́сней 《Believe》.

3. Рок обяза́тельно сопровожда́ется "живы́м" пе́нием и му́зыкой, то есть без испо́льзования фоногра́ммы.

4. Ру́сский рок ниче́м не отлича́ется от мирово́го.

5. Рэп—оди́н из основны́х элеме́нтов сти́ля хип–хо́п, поэ́тому те́рмин ча́сто испо́льзуется как сино́ним поня́тия "хип–хо́п".

РАЗДЕ́Л 2　ГРАММА́ТИКА

МЕЖДОМЕ́ТИЯ

Междоме́тия—осо́бая часть ре́чи. Они́ отлича́ются и от самостоя́тельных часте́й ре́чи (лишены́ номинати́вной фу́нкции), и от служе́бных (не выража́ют отноше́ний ме́жду слова́ми и не вно́сят дополни́тельные отте́нки в значе́ния слов).

М. В. Ломоно́сов в 《Росси́йской грамма́тике》 (1755 год) писа́л, что междоме́тие существу́ет для кра́ткого изложе́ния движе́ния ду́ха.

Междоме́тия—это неизменя́емые слова́ для выраже́ния чувств, волевы́х побужде́ний. Междоме́тие не называ́ет чу́вство, побужде́ние, а то́лько выража́ет его́. Наприме́р:

Ого́! — удивле́ние.

Ну, расска́зывайте! —побужде́ние к де́йствию.

Ба! —удивле́ние, узнава́ние, дога́дка.

Э–хе–хе—сожале́ние, грусть.

Ой! —боль, испу́г, страх, удивле́ние, ра́дость, сожале́ние—в зави́симости от интона́ции.

Фу! —отвраще́ние, уста́лость.

В зави́симости от того́, что выража́ют междоме́тия, они́ де́лятся на две гру́ппы:

1. *Эмоциона́льные*—выража́ют разли́чные чу́вства.

2. *Императи́вные*—выража́ют во́лю, прика́з.

Эмоциона́льные междоме́тия

1. Междоме́тия, выража́ющие удовлетворе́ние—одобре́ние, ра́дость (восхище́ние и т. п.; положи́тельную оце́нку фа́ктов действи́тельности: *ага́*, *ай*, *бра́во*, *о*, *ура́*). *Ай* да гла́зки!

2. Междоме́тия, выража́ющие неудовлетворе́ние—упрёк, порица́ние, проте́ст, доса́ду, злость, гнев и т. п.; отрица́тельную оце́нку фа́ктов действи́тельности: *эх*, *а*, *ах*, *брр*, *вот ещё*, *тьфу*, *фу*. Фу! Как вы все бестолко́вы! (А. И. Купри́н)

3. Междоме́тия, выража́ющие удивле́ние, недоуме́ние, испу́г, сомне́ние: *вот так*, *так*, *ну и ну*, *поду́мать то́лько*, *увы́*, *хм*. Вот так! —изуми́лся он. —Ми́ша! Друг де́тства!

Императи́вные междоме́тия

1. Междоме́тия, выража́ющие повеле́ние, прика́з, призы́в к како́му–либо де́йствию: *айда́*, *брысь*, *вон*, *но*, *ну*, *тс*, *цыц*, *ч–ш–ш*, *чу*, *шш*, *на*, *марш*.

Тсс, ма́ма спит. *Ну*, говори́, что тебе́ ну́жно.

2. Междоме́тия, выража́ющие призы́в откли́кнуться, явля́ющиеся сре́дством привле́чь внима́ние: *алло́*, *ау́*, *карау́л*, *эй*. Карау́л! Ре́жут! —закрича́л он. (А. П. Че́хов)

ЗАПÓМНИТЕ!

Одни́ и те же междоме́тия в зави́симости от интона́ции мо́гут выража́ть ра́зные эмо́ции и входи́ть в ра́зные гру́ппы:

Ах! —восхище́ние, сожале́ние, испу́г, доса́да.

Ну и конце́рт! —недово́льство.

Перепи́сывай! Бы́стро, *ну*! —прика́з.

Ра́зные эмо́ции передаю́тся ра́зной интона́цией.

Междоме́тия широко́ испо́льзуются в разгово́рной ре́чи. Они́ слу́жат сре́дством переда́чи разли́чных чувств челове́ка, его́ отноше́ния к фа́ктам действи́тельности.

В худо́жественной литерату́ре междоме́тия передаю́т не то́лько разли́чные чу́вства а́втора и́ли геро́я (гнев, ра́дость, сомне́ние, сожале́ние, уста́лость и др.), но и уси́ливают эмоциона́льность выска́зывания:

О, э́тот юг! О, э́та Ни́цца!

О, как их блеск меня́ трево́жит!

Жизнь, как подстре́ленная пти́ца,

Подня́ться хо́чет и не мо́жет. (Ф. И. Тю́тчев)

ЗАПО́МНИТЕ!

Звукосочета́ния *мя́у – мя́у*, *гав – гав*, *карр*, *тик – так* не явля́ются междоме́тиями. Они́ не выража́ют чу́вства и́ли волеизъявле́ния, а то́лько передаю́т разли́чные зву́ки и шумы́:

Éду – éду в чи́стом по́ле; колоко́льчик *динь – динь – динь.*

(А. С. Пу́шкин)

По спо́собу образова́ния междоме́тия мо́гут быть перви́чными: *о! у! ой! ах!* и други́е—и произво́дными: э́то те слова́, кото́рые утра́тили своё значе́ние и слу́жат то́лько для выраже́ния чу́вства и́ли волеизъявле́ния: *Бро́сьте! Смотри́те! Поду́маешь! Во ещё! Вот тебе́ раз! Вот тебе́ на! Ла́дно! Кры́шка! Чепуха́!*

ПРОВЕ́РЬТЕ СЕБЯ́

Зада́ние. Расскажи́те о междоме́тиях, испо́льзуя да́нную схе́му (Рис. 12.1). Приведи́те приме́ры.

удовлетворе́ние: положи́тельная оце́нка	неудовлетворе́ние: отрица́тельная оце́нка	разли́чные чу́вства: удивле́ние, сомне́ние и др.	повеле́ние, прика́з, призы́в	привлече́ние внима́ния, откли́кнуться на призы́в

Рис. 12.1

РАЗДЕ́Л 3   МЕ́НЕДЖМЕНТ

Поня́тие "Ме́неджмент"

Ме́неджмент—э́то систе́ма ме́тодов управле́ния в усло́виях ры́нка и́ли ры́ночной эконómики, котóрые предполагáют ориентáцию фи́рмы на спрос и потрéбности ры́нка, постоя́нное стремлéние к повышéнию эффекти́вности произвóдства с наимéньшими затрáтами, с цéлью получéния оптимáльных результáтов. Мéнеджмент—слóжное, ёмкое и многогрáнное явлéние, охвáтывающее: умéние человéка добивáться постáвленных цéлей, испóльзуя труд, интеллéкт, моти́вы поведéния други́х людéй; дéятельность, свя́занную с управлéнием людьми́ в организáциях разли́чных ти́пов; óбласть человéческих знáний, помогáющую управля́ть; управлéние. Управлéние—это процéсс плани́рования, организáции, мотивáции и контрóля, необходи́мый для тогó, чтóбы сформули́ровать и дости́чь цéлей организáции. Суть управлéния состои́т в оптимáльном испóльзовании ресýрсов (земли́, трудá, капитáла) для достижéния постáвленных цéлей.

Объéкт мéнеджмента—это всё то, на что ориенти́рованы управлéнческие воздéйствия субъéкта мéнеджмента. Субъéкт мéнеджмента—это человéк и́ли грýппа людéй, создаю́щих управлéнческие воздéйствия в рáмках организáции и в цéлях реализáции её цéлей и задáч.

Мéнеджер—это человéк, профессионáльно занимáющийся управлéнческой дéятельностью, наделённый полномóчиями принимáть управлéнческие решéния и осуществля́ть их выполнéние. Цель рабóты мéнеджера—обеспéчение стаби́льной конкурентоспосóбности фи́рмы. Мéнеджер дóлжен проявля́ть интерéс не тóлько к отдéльной человéческой ли́чности. Решáющее влия́ние на успéх рабóты окáзывает трудовóй коллекти́в, его сплочённость, работоспосóбность и целеустремлённость. Чтóбы эффекти́вно управля́ть коллекти́вом рабóтников, необходи́мо знать, что такóе коллекти́в, как он формирýется и развивáется, каки́е бывáют коллекти́вы, а тáкже всё, что касáется совмéстной дéятельности людéй.

Нóвые словá

ры́нок	市场	оптимáльный	最佳的
ры́ночная эконóмика	市场经济	конкурентоспосóбность	竞争力(阴)
спрос	需求	воздéйствие	影响
потрéбность	要求(阴)	полномóчие	权力
затрáта	费用,开支	ресýрс	资源
ёмкий	广泛的	коллекти́в	团体
сплочённость	团结(阴)		

Задáния к тéксту

I. Отвéтьте на вопрóсы по тéксту.

1. Как вы пóняли, что такóе мéнеджмент?

2. Как вы дýмаете, словá "мéнеджмент" и "управлéние" явля́ются сино́нимами? По-

чему́?

3. В чём заключа́ется суть управле́ния?

4. Что явля́ется объе́ктом и субъе́ктом ме́неджмента?

5. Каки́ми ка́чествами до́лжен облада́ть трудово́й коллекти́в для достиже́ния успе́шных результа́тов на рабо́те?

6. Что необходи́мо знать ме́неджеру?

II. Соедини́те слова́ с их определе́нием ли́бо сино́нимом (Табли́ца 12. 2).

Табли́ца 12. 2

Слова́	Определе́ние, сино́ним
затра́та	компете́нция, пра́во
ёмкий	земля́, труд, капита́л
ресу́рс	расхо́д
полномо́чие	многогра́нный

III. Соста́вьте предложе́ния со сле́дующими слова́ми и словосочета́ниями.

ры́ночная эконо́мика; затра́та ≠ дохо́д (анто́нимы); ёмкий; ресу́рс; полномо́чие.

УРÓК 13

РАЗДÉЛ 1   ТЕКСТ

НАСЕЛÉНИЕ РОССИИ (1)

Из истóрии

Россúйская Федерáция явля́ется многонационáльным госудáрством.

Прéдки рýсского нарóда, востóчнославя́нские племенá, издрéвле жúли на сéвере и зáпаде Востóчно–Европéйской равнúны. В IX вéке востóчнославя́нские племенá объединúлись в госудáрство—Кúевскую Русь. В начáле XII вéка Кúевская Русь распáлась, но культýрные свя́зи сдéлали востóчнославя́нские племенá едúным нарóдом—рýсским. На смéну Кúевской Русú к концý XII вéка пришлú два крýпных цéнтра рýсской госудáрственности: Новгорóдская Русь и Владúмиро–Сýздальская Русь. С 1243 гóда Владúмиро–Сýздальская земля́ оказáлась под татáро–монгóльским úгом, котóрое продолжáлось два с половúной столéтия.

Объединéние рýсских земéль завершúлось к концý XV вéка. С расширéнием территóрии рýсского госудáрства рослá и чúсленность населéния. В X вéке в Кúевской Русú бúло óколо 5 млн человéк. Во Фрáнции в то врéмя бúло óколо 18 млн человéк, в Гермáнии—óколо 12 млн. В XVI вéке территóрия рýсского госудáрства расширúлась. Присоединúли Казáнское, Астрахáнское хáнства. В концé XVI вéка началóсь движéние рýсских в Сибúрь. В XVII вéке Россúя присоединúла прибалтúйские зéмли. В 1724 годý в Россúи бúло 12 млн. жúтелей, в 1796—36 млн., в 1815—45 млн., в 1897—129 млн. человéк. В XVIII—XIX векáх населéние Россúи за счёт расширéния территóрии увелúчилось в четúре рáза.

Пéред 1914 гóдом в Россúи бúло 159 млн. человéк. В СССР пéрвую пéрепись населéния провелú в 1926 годý: в Совéтском Сою́зе насчитáли 147 млн. человéк, в том числé в РСФСР—93 млн. В 1939 годý (слéдующая пéрепись)—162 млн., в 1959 годý—208 млн. В 1989 годý в Совéтском Сою́зе бúло 286 млн. человéк. В 2003 годý в Россúи проживáло 145 млн. человéк.

Этногрýппы и национáльности

Россúя отличáется не тóлько огрóмными простóрами, богáтой истóрией и культýрой, но тáкже этнúческим и религиóзным многообрáзием населéния. В ней изначáльно проживáли разнообрáзные этносы, формирýя однý óбщую цéлостность, объединённую óбщей национáльной идéей, определёнными гранúцами и прúнятыми закóнами. Представи́тели бо́лее 150 национа́льностей и всех мировы́х конфе́ссий вме́сте с ру́сским наро́дом составля́ют наро́д Росси́и.

На сего́дняшний день стати́стика свиде́тельствует о сле́дующем национа́льном соста́ве наро́дностей и ма́лых э́тносов, входя́щих в соста́в страны́:

- Ру́сские.
- Тата́ры.
- Башки́ры.
- Чече́нцы.
- Чуваши́.
- Армя́не.
- Ава́рцы.
- Азербайджа́нцы.
- Мордвы́.
- Каза́хи.
- Дарги́нцы.
- Удму́рты.
- Мари́йцы.
- Осети́ны.
- Белору́сы.
- Кабарди́нцы.

И, есте́ственно, что э́то далеко́ не все национа́льности. На террито́рии страны́ прожива́ют та́кже лезги́ны, не́мцы, туви́нцы, узбе́ки, буря́ты, компа́ктные диа́споры грузи́н, евре́ев, молдава́н, адыге́йцев, балка́рцев и други́х наро́дов.

Зада́ния к те́ксту

I. Вы́учите но́вые слова́ и словосочета́ния.

население	人口	многонациона́льный	多民族的
посёлок городско́го ти́па	城市居住区	пре́док	祖先
издре́вле	自古以来	распа́сться	分解,瓦解
пло́тность населе́ния	人口密度	обита́ть	居住
э́тнос	民族,民族共同体	по́лчище	游牧部落
це́лостность	完整性(阴)	се́льский жи́тель	乡村居民

II. Отве́тьте на вопро́сы.

A.

1. Где прожива́ет основна́я часть населе́ния Росси́и?

2. Ско́лько национа́льностей прожива́ет на террито́рии Росси́и?

3. Вы зна́ли, что в Росси́и прожива́ет сто́лько э́тносов? У вас есть знако́мые-пред-

ставѝтели дáнных этносов?

Б.

　1. Где прожива́ет основна́я часть населе́ния ва́шей страны́?

　2. Ско́лько национа́льностей прожива́ет на террито́рии ва́шей страны́?

　3. Кака́я наро́дность са́мая многочи́сленная на террито́рии ва́шей страны́? Где она́ в основно́м прожива́ет?

III. Запо́лните про́пуски в соотве́тствии с содержа́нием те́кста.

　1. Росси́йская Федера́ция явля́ется _____ госуда́рством.

　2. С 1243 го́да Влади́миро－Су́здальская земля́ оказа́лась под тата́ро－монго́льским _____, кото́рое продолжа́лось два с полови́ной столе́тия.

　3. Объедине́ние ру́сских земе́ль заверши́лось к концу́ _____ ве́ка.

　4. В XVIII—XIX века́х населе́ние Росси́и за счёт расшире́ния террито́рии увели́чилось в _____ ра́за.

　5. Бо́льшая часть населе́ния Росси́и прожива́ет в _____.

　6. В ней изнача́льно прожива́ли разнообра́зные этносы, формиру́я одну́ о́бщую _____.

IV. Соедини́те слова́ и словосочета́ния с их определе́нием (Табли́ца 13. 1).

Табли́ца 13. 1

Слова́ и словосочета́ния	Определе́ние
пре́док	ско́лько челове́к живёт в определённом ме́сте
пло́тность населе́ния	прароди́тель
этнос	наро́д

V. Прочита́йте предложе́ния. Вы согла́сны с тем, что напи́сано? Е́сли нет, то испра́вьте оши́бки.

　1. В Росси́и живу́т то́лько ру́сские лю́ди.

　2. В IX ве́ке восто́чнославя́нские племена́ объедини́лись в госуда́рство—Ки́евскую Русь.

　3. В конце́ XVI ве́ка начало́сь движе́ние ру́сских на юг страны́.

　4. В XVIII—XIX века́х населе́ние Росси́и увели́чилось за счёт расшире́ния террито́рии.

РАЗДЕ́Л 2　МЕ́НЕДЖМЕНТ

ЦИКЛ МЕ́НЕДЖМЕНТА

　Цикл ме́неджмента, и́ли круг ме́неджера—это осно́ва управле́нческой де́ятельности. И́менно с ци́кла ме́неджмента сто́ит начина́ть изуча́ть ме́тоды управле́ния персона́лом. Согла́сно ци́клу ме́неджмента, управле́ние людьми́—это цикли́ческий проце́сс. При э́том мо́жно вы́делить основны́е фу́нкции управле́ния: плани́рование, организа́ция, мотива́-

ция и контро́ль, как пока́зано на рису́нке 13. 1. Люба́я из э́тих фу́нкций необходи́ма для осуществле́ния проце́сса управле́ния, невыполне́ние одно́й из э́тих фу́нкций прерыва́ет цикл и не гаранти́рует достиже́ние заплани́рованного результа́та.

Рис. 13. 1

Э́тот проце́сс называ́ется ци́клом, т. к. совоку́пность вышеупомя́нутых фу́нкций составля́ет кругооборо́т в тече́ние определённого промежу́тка вре́мени: пройдя́ путь от плани́рования до контро́ля, цикл ме́неджмента начина́ет но́вый вито́к. При э́том результа́ты контро́ля испо́льзуются для плани́рования но́вого ци́кла. Любо́й, да́же са́мый просто́й проце́сс тре́бует пра́вильного плани́рования. Когда́ рабо́та сплани́рована, необходи́мо организова́ть её выполне́ние. От мотива́ции, в свою́ о́чередь, напряму́ю зави́сит выполне́ние и́ли невыполне́ние рабо́ты. Одна́ко то́лько по результа́там контро́ля мо́жно поня́ть, дости́гнут ли жела́емый результа́т. Кро́ме того́, результа́ты контро́ля необходи́мы для пра́вильного плани́рования дальне́йших рабо́т.

Необходи́мо сра́зу отме́тить, что фу́нкции ци́кла ме́неджмента накла́дываются друг на дру́га. Наприме́р, контро́ль необходи́мо организова́ть и плани́ровать, а без организа́ции плани́рования, в свою́ о́чередь, невозмо́жно осуществля́ть контро́ль за полу́ченным результа́том.

Но́вые слова́

цикл	周期,循环	совоку́пность	总和,总体;组合(阴)
ме́неджмент	管理	кругооборо́т	循环,周转
персона́л	工作人员	накла́дываться	把……放在……上;重叠
прерыва́ть	中断		

Зада́ния к те́ксту

I. Отве́тьте на вопро́сы по те́ксту.

1. Что явля́ется осно́вой управле́нческой де́ятельности?

2. Перечи́слите основны́е фу́нкции управле́ния.

3. Почему́ управле́ние явля́ется цикли́ческим проце́ссом?

4. Как вы ду́маете, кака́я из фу́нкций управле́ния явля́ется наибо́лее ва́жной и реша́ющей? Почему́?

II. Составьте предложения со следующими словами.

ме́неджмент = управле́ние (сино́нимы) ; цикл = круг , пери́од , кругооборо́т (сино́нимы) ; прерыва́ть ≠ продо́лжить (анто́нимы).

УРО́К 14

РАЗДЕ́Л 1   ТЕКСТ

НАСЕЛЕ́НИЕ РОССИ́И (2)

Стати́стика

Есте́ственно, говоря́ о чи́сленных показа́телях, существу́ют основны́е гру́ппы, кото́рые формиру́ют так называ́емый "костя́к" национа́льности. На 2010 год, в соотве́тствии с да́нными всеросси́йской пе́реписи, предста́вленной Россста́том, да́нные вы́глядят сле́дующим о́бразом:

· Ру́сские составля́ют почти́ 77%, что чи́сленно вы́ражено приблизи́тельно в 111 млн. челове́к.

· Тата́ры. Их чи́сленность составля́ет приме́рно 3,8% от о́бщего коли́чества населе́ния страны́. У них есть свои́ регио́ны наибо́льшего распростране́ния и со́бственный язы́к обще́ния. Бо́льшая их часть прожива́ет на террито́рии Пово́лжья.

· Украи́нцы составля́ют приме́рно 2% от о́бщего коли́чества наро́дов, прожива́ющих в Росси́и. Их национа́льные костю́мы мо́жно отличи́ть по чёрно−кра́сной вы́шивке. Вы́шивка мо́жет быть и друго́й цветово́й га́ммы, но и́менно э́ти два цве́та явля́ются основны́ми.

· Башки́ры. Их чи́сленность составля́ет приме́рно 1,2%. Бо́льше всех люде́й э́той на́ции живёт на террито́риях Тюме́ни, Алта́я, Ку́рской, Свердло́вской, Оренбу́ргской областе́й. Культу́ра э́той этни́ческой гру́ппы знамена́тельна их частушками, ска́зками и пе́снями.

· Чуваши́. Э́та национа́льность занима́ет 1,1% всего́ населе́ния страны́. Наибо́льшее их коли́чество прожива́ет в Красноя́рском кра́е, Сама́рской и про́чих областя́х, а та́кже в Татарста́не. Их основны́м заня́тием на сего́дняшний день явля́ется земледе́лие, животново́дство и ремесленничество.

· Чече́нцы составля́ют приблизи́тельно 0,9% всего́ населе́ния страны. Э́та национа́льность—одна́ из са́мых суро́вых в стране́. Они́ выно́сливы, хра́бры и остроу́мны.

· Армя́не. Э́та национа́льность в населе́нии Росси́йской Федера́ции составля́ет 0,8%. Их культу́ра о́чень дре́вняя. Ко́рни её мо́жно проследи́ть вплоть до гре́ческой. Они́ о́чень гостеприи́мны и жизнера́достны.

По регио́нам

Что каса́ется распределе́ния крупне́йших национа́льностей Росси́йской Федера́ции по стране́, то да́нные на 2010 год вы́глядят сле́дующим о́бразом:

· Ру́сские равноме́рно населя́ют Росси́ю практи́чески во всех регио́нах.

· На се́вере Сиби́ри и на Да́льнем Восто́ке живу́т эскимо́сы, коря́ки и др.

· В Сиби́ри живу́т алта́йцы, хака́сы, яку́ты.

· На Кавка́зе живу́т кабарди́нцы, адыге́йцы, черке́сы, чече́нцы, ингуши́, ава́рцы, лезги́ны, осети́ны.

· В Росси́и та́кже прожива́ют фи́нно-уго́рские наро́ды, к ним отно́сятся фи́нны, каре́лы, саа́мы и ко́ми на се́вере европе́йской Ро́ссии, мари́йцы и мордва́ в Пово́лжье, ха́нты и ма́нси, занима́ющиеся охо́той и оленево́дством—в За́падной Сиби́ри.

· В Восто́чной Сиби́ри живу́т эве́нки.

· На Чуко́тском полуо́строве—чу́кчи.

· К монго́льской гру́ппе отно́сятся буря́ты в Сиби́ри и калмы́ки на Ка́спии.

· Не́которые наро́дности, кото́рые живу́т в райо́нах Кра́йнего Се́вера, веду́т о́чень интере́сный и разнообра́зный о́браз жи́зни. Наприме́р, не́нцы явля́ются оленево́дами; чу́кчи, живу́щие на Чуко́тке, отли́чные рыбаки́.

Ка́ждый наро́д стреми́тся к сохране́нию языка́, обы́чаев и тради́ций, костю́ма, тради́ционных заня́тий и про́мыслов. Большинство́ э́тих наро́дов сохрани́ло своё своеобра́зие и традицио́нные заня́тия.

Дина́мика

Как пока́зывает дина́мика, о́бщая чи́сленность населе́ния Росси́и сокраща́ется. Неблагоприя́тная демографи́ческая ситуа́ция свя́зана с небольши́м коли́чеством дете́й в се́мьях и с о́бщим старе́нием населе́ния соотве́тственно. Одна́ко прави́тельством применя́ются ме́ры для повыше́ния рожда́емости: так, с 2006 го́да в Росси́и де́йствует програ́мма матери́нского капита́ла, согла́сно кото́рой вы́платы мо́гут получи́ть роди́тели по́сле рожде́ния в их семье́ второ́го ребёнка, а в 2020 году́ вступи́л зако́н о вы́плате матери́нского капита́ла уже́ при рожде́нии пе́рвого ребёнка.

Заключе́ние

Ещё с дре́вних времён начала́сь исто́рия росси́йской госуда́рственности. Э́то проце́сс формирова́ния социа́льного органи́зма на огро́мной пло́щади. В э́тот социа́льный органи́зм входи́ло со вре́менем всё бо́льшее коли́чество разнообра́зных по своему́ соста́ву национа́льностей. Настоя́щему ру́сскому менталите́ту прису́ща приро́дная толера́нтность, сформиро́ванная из привы́чки жить с сосе́дями в ми́ре.

Задáния к тéксту

I. Вы́учите нóвые словá и словосочетáния.

костя́к	骨架；骨干，基础	ремéсленничество	从事手工业；手艺
мифолóгия	神话	сурóвый	严峻的；严寒的
вынóсливый	坚韧的,刻苦耐劳的	остроýмный	机智的
изгнáние	流放	вы́шивка	刺绣
равномéрно	均匀地	цветовáя гáмма	色谱
матери́нский капитáл	生育资本	частýшка	四句头（俄罗斯民间短歌）
сокращáться	缩减	прóмысел	行业；手艺
земледéлие	耕作	толерáнтность	宽容(阴)
животновóдство	畜牧业		

II. Отвéтьте на вопрóсы.

1. Каки́е нарóдности сáмые многочи́сленные на территóрии Росси́и?

2. Где в основнóм прожива́ют сáмые многочи́сленные нарóдности?

3. Расскажи́те о сáмых многочи́сленных нарóдностях Росси́и.

III. Запóлните прóпуски в соотвéтствии с содержáнием тéкста.

1. Существу́ют основны́е э́тносы, котóрые форми́руют так называ́емый _____ национáльности.

2. Национáльные костю́мы украи́нцев мóжно отличи́ть по чёрно-крáсной _____.

3. Культу́ра э́той этни́ческой гру́ппы знамена́тельна их _____, скáзками и пéснями.

4. Ру́сские _____ населя́ют Росси́ю практи́чески во всех региóнах.

5. Как покáзывает дина́мика, óбщая чи́сленность населéния Росси́и _____.

IV. Соедини́те словá и словосочета́ния с их определéнием (Таблúца 14. 1).

Таблúца 14. 1

Словá и словосочета́ния	Определéние
костя́к	основнáя часть
частýшка	корóткая шу́точная пéсня
равномéрно	одинáково
прóмысел	ремеслó, заня́тие
матери́нский капитáл	вы́платы роди́телям

V. Прочита́йте предложéния. Вы соглáсны с тем, что напи́сано? Éсли нет, то испрáвьте ошúбки.

1. Ру́сские составля́ют бóльшую часть населéния Росси́и.

2. Большинствó э́тносов в Росси́и предста́влено в бóльшем процéнтном соотношéнии (от 15%).

3. Рýсские равномéрно населя́ют Росси́ю практи́чески во всех регио́нах.

4. Большинствó нарóдов в Росси́и утра́тили своё своеобра́зие и традицио́нные заня́-
тия.

5. Как пока́зывает дина́мика, óбщая чи́сленность населéния Росси́и сокраща́ется.

РАЗДÉЛ 2 МÉНЕДЖМЕНТ

ОСНОВНЫ́Е ТИ́ПЫ ПОТРЕБИ́ТЕЛЕЙ

Потреби́тель—человéк, имéющий намéрение заказа́ть и́ли приобрести́, ли́бо заказы-
вающий, приобрета́ющий и́ли испóльзующий това́ры (рабóты, услýги) исключи́тельно
для ли́чных, общéственных, семéйных, дома́шних и ины́х нужд, не свя́занных с осуще-
ствлéнием предпринима́тельской дéятельности.

В совремéнном маркéтинге при́нято дели́ть людéй, котóрые пóльзуются това́рами и
услýгами, на отдéльные грýппы. В ра́мках однóй такóй грýппы потреби́тели имéют схó-
жие модéли поведéния, в зави́симости от котóрых лю́ди ведýт себя́ на ры́нке тем и́ли
ины́м óбразом.

К пéрвой грýппе отнóсят потреби́телей, осóбенностью поведéния котóрых явля́ется
приобретéние това́ров тóлько для своегó (ли́чного) пóльзования. Да́нной стратéгии "об-
щéния" с ры́нком придéрживаются одинóкие лю́ди в вóзрасте, по тем и́ли ины́м причи́-
нам оста́вшиеся наединé с собóй. Та́кже сюда́ мóжно отнести́ гра́ждан, живýщих без се-
мьи́. Э́тих людéй, прéжде всегó, интересýют потреби́тельские ка́чества продýкции: цена́,
внéшнее исполнéние, полéзность.

Ко вторóй, наибóлее многочи́сленной грýппе, отнóсятся потреби́тели семéйного ти́-
па, поведéние котóрых зави́сит от мнéния други́х жи́телей их ма́ленького ми́ра. Решéния
по приобретéнию непродовóльственных това́ров и продýктов пита́ния принима́ются э́ти-
ми людьми́ на семéйном совéте ли́бо отвéтственность на себя́ берёт глава́ семьи́.

Слéдующий тип потреби́телей—снабжéнцы. Здесь идёт речь о ли́цах, представля́ю-
щих крýпные компа́нии и фи́рмы, котóрые закупа́ют промы́шленные това́ры. Основны́е
фа́кторы, влия́ющие на поведéние потреби́телей э́той грýппы, скла́дываются из кóмплек-
сной оцéнки ка́ждого това́ра. Так, э́тих профессиона́лов интересýют ка́чественные харак-
тери́стики, ассортимéнт, расхóды на транспортирóвку, оптóвая и рóзничная стóимость,
репута́ция производи́теля, поясня́ющие докумéнты и пр.

К четвёртой категóрии мóжно отнести́ посрéдников и́ли людéй, производя́щих закý-
пки с цéлью послéдующей прода́жи. Э́тот класс потреби́телей интересýется, в пéрвую
óчередь, при́быльностью това́ра. Та́кже к фа́кторам, влия́ющим на поведéние потреби́-
телей э́той грýппы, отнóсятся други́е экономи́ческие показа́тели продýкции. Э́то срок
хранéния това́ра, скóрость егó доста́вки, внéшняя привлека́тельность упакóвки и т. д.

Послéдняя грýппа потреби́телей по да́нной классифика́ции—настоя́щие профессио-
на́лы в своéй сфéре. Э́то чинóвники, занима́ющие разли́чные дóлжности, вплоть до глав

госуда́рств и представи́телей прави́тельства. Во вре́мя соверше́ния торго́вых опера́ций э́ти лю́ди испо́льзуют формализо́ванный подхо́д, расхо́дуя не ли́чные, а обще́ственные сре́дства.

Но́вые слова́

наме́рение	意图	снабже́нец	供应商
приобрести́	买到	ассортиме́нт	种类
исключи́тельно	主要地;例外	опто́вый	批发的
нужда́	需要	ро́зничный	零售的
предпринима́тельская де́ятельность	创业活动	посре́дник	经纪人;中间人
при́быльность	盈利性;利润率(阴)	марке́тинг	市场营销
классифика́ция	分类	схо́жий	类似的
чино́вник	官员	поведе́ние	行为举止
до́лжность	职位(阴)		

Зада́ния к те́ксту

I. Отве́тьте на вопро́сы по те́ксту.

1. На како́м основа́нии потреби́телей раздели́ли на гру́ппы?
2. Ско́лько групп потреби́телей выделя́ют? Перечи́слите их.
3. К како́й гру́ппе вы бы отнесли́ себя́ и свои́х знако́мых?

II. Соста́вьте предложе́ния со сле́дующими слова́ми.

приобрести́ = взять, купи́ть (сино́нимы); нужда́ = потре́бность (сино́нимы); опто́вый ≠ ро́зничный (анто́нимы); ли́чный ≠ обще́ственный (анто́нимы).

УРÓК 15

РАЗДÉЛ 1   ТЕКСТ

О ГЕОГРÁФИИ РОССИ́И (1)

Плóщадь

Всем извéстно, что Росси́я—э́то сáмое большóе по плóщади госудáрство ми́ра. Её плóщадь составля́ет бóлее 17 миллиóнов квадрáтных киломéтров. Э́то на 7 и́ли 8 миллиóнов квадрáтных киломéтров бóльше, чем плóщадь Канáды и́ли Китáя, и всегó на 715 ты́сяч киломéтров мéньше Ю́жной Амéрики!

Географи́ческое положéние

Росси́я располóжена на сéвере Еврáзии, занимáя бóльшую часть Востóчной Еврóпы и Сéверную Áзию. Европéйскую и азиáтскую чáсти э́той огрóмной страны́ разделя́ют Урáльские гóры. Протяжённость Росси́и с зáпада на востóк составля́ет почти́ 8 000 киломéтров, а с сéвера на юг—бóлее 4 000 киломéтров.

В странé имéется вы́ход к 12 моря́м, котóрые свя́заны с 3 океáнами. С сéвера территóрия страны́ омывáется шестью́ моря́ми Сéверного ледови́того океáна: мóре Лáптевых, Кáрское, Бáренцево, Бéлое, Чукóтское и Востóчно–Сиби́рское моря́. На востóке—тремя́ моря́ми Ти́хого океáна: Бéрингово, Охóтское и Япóнское моря́. А на зáпаде и ю́го–зáпаде Росси́ю омывáют три мóря Атланти́ческого океáна—Балти́йское, Чёрное и Азóвское. Неудиви́тельно, что Росси́я явля́ется однóй из крупнéйших морски́х держáв.

Часовы́е поясá

Росси́я располóжена в 11 часовы́х поясáх, поэ́тому рáзница во врéмени мéжду её городáми на зáпаде и востóке мóжет быть óчень большóй! Напримéр, éсли в Москвé 12 часóв и порá обéдать, то во Владивостóке ужé 19 часóв и нáдо у́жинать. Сáмая большáя рáзница во врéмени составля́ет 10 часóв.

Грани́цы с други́ми госудáрствами

Росси́йская федерáция имéет óбщую грани́цу с 16 госудáрствами, с двумя́ из котóрых онá грани́чит по мóрю. На зáпаде—э́то Норвéгия, Финля́ндия, Эстóния, Лáтвия, Литвá, Пóльша, Беларýсь и Украи́на. На ю́ге онá грани́чит с Грýзией, Азербайджáном, Казахстáном, Монгóлией, Китáем и Сéверной Корéей. На востóке Росси́я имéет морскýю грани́цу с Япóнией и США. Сáмыми дли́нными грани́цами явля́ются грани́цы с Казахстáном и Китáем.

Го́ры, озёра, ре́ки

Росси́ю мо́жно назва́ть страно́й равни́н. Равни́ны и ни́зменности занима́ют приме́рно 70 проце́нтов росси́йской террито́рии. Кро́ме Ура́льских гор, в Росси́и есть и други́е го́рные систе́мы, кото́рые располага́ются, в основно́м, на восто́ке и ю́ге страны́. На ю́ге европе́йской ча́сти Росси́и протяну́лся Большо́й кавка́зский хребе́т. Там нахо́дится са́мая высо́кая то́чка Росси́и—гора́ Эльбру́с. На ю́ге Сиби́ри есть Алта́йские го́ры, на Да́льнем восто́ке—го́рный хребе́т Сихотэ́-Али́нь. А на Камча́тке располага́ется са́мый высо́кий акти́вный вулка́н Евра́зии—Ключевска́я со́пка. Бо́лее того́, Камча́тка—са́мая настоя́щая страна́ вулка́нов, здесь их бо́лее 300!

В Росси́и та́кже есть о́чень мно́го озёр и рек. Са́мыми больши́ми из бо́лее чем двух миллио́нов озёр явля́ются о́зеро Байка́л и Ла́дожское о́зеро. Знамени́тый Байка́л—э́то са́мое глубо́кое и са́мое большо́е пре́сное о́зеро не то́лько в Росси́и, но и во всём ми́ре. Коне́чно, нельзя́ не упомяну́ть и Каспи́йское мо́ре—о́зеро, берега́ кото́рого поделены́ ме́жду не́сколькими госуда́рствами.

Что каса́ется рек, то учёные подсчита́ли, что на террито́рии Росси́и нахо́дится о́коло двух с полови́ной миллио́нов рек. Са́мые изве́стные ре́ки—э́то Во́лга, Енисе́й, Ле́на, Обь. Во́лга—крупне́йшая река́ Евро́пы, а Енисе́й, Ле́на и Обь—крупне́йшие ре́ки Сиби́ри.

Зада́ния к те́ксту

I. Вы́учите но́вые слова́ и словосочета́ния.

пло́щадь	面积(阴)	грани́ца	国界,边界
квадра́тный киломе́тр	平方公里	грани́чить	同……交界, 毗邻, 接壤
располо́женный	位于(常用短尾)	равни́на	平原
протяжённость	长度(阴)	ни́зменность	低地(阴)
омыва́ть	(江河、海洋)濒临	хребе́т	山脉
держа́ва	国家,大国	вулка́н	火山
часово́й по́яс	时区	пре́сный	淡的;淡水的

II. Отве́тьте на вопро́сы.

А.

1. Какова́ пло́щадь Росси́и?

2. На како́м материке́ нахо́дится Росси́я?

3. К ско́льким моря́м име́ет вы́ход Росси́я?

4. Ско́лько часовы́х поясо́в в Росси́и?

5. Со ско́лькими стра́нами име́ет грани́цу Росси́я?

6. Что занима́ет 70% террито́рии Росси́и?

7. Назови́те са́мые больши́е озёра и са́мые дли́нные ре́ки Росси́и.

Б.

1. Какова́ пло́щадь ва́шей страны́?

2. На како́м материке́ нахо́дится ва́ша страна́?

3. К ско́льким моря́м име́ет вы́ход ва́ша страна́?

4. Ско́лько часовы́х поясо́в в ва́шей стране́?

5. Со ско́лькими стра́нами име́ет грани́цу ва́ша страна́?

6. В ва́шей стране́ есть го́ры, вулка́ны, озёра? Назови́те са́мые изве́стные.

III. *Запо́лните про́пуски в соотве́тствии с содержа́нием те́кста.*

1. Росси́я—э́то са́мое большо́е по _____ госуда́рство ми́ра.

2. Росси́я располо́жена на се́вере Евра́зии, занима́я бо́льшую часть Восто́чной _____ и Се́верную _____.

3. Са́мыми дли́нными грани́цами явля́ются грани́цы с Казахста́ном и _____.

4. Росси́ю мо́жно назва́ть страно́й _____.

5. Енисе́й, Ле́на и Обь—крупне́йшие ре́ки _____.

IV. *Соедини́те географи́ческие объе́кты с их коли́чеством/разме́ром (Табли́ца 15. 1).*

Табли́ца 15. 1

Географи́ческие объе́кты	Коли́чество/разме́р
пло́щадь	16
моря́	бо́лее 2 миллио́нов
океа́ны	3
часовы́е пояса́	бо́лее 2,5 миллио́нов
госуда́рства, грани́чащие с Росси́ей	12
вулка́ны на Камча́тке	11
озёра	17 миллио́нов км^2
ре́ки	бо́лее 300

V. *Прочита́йте предложе́ния. Вы согла́сны с тем, что напи́сано? Е́сли нет, то испра́вьте ошибки.*

1. Росси́я—э́то са́мое ма́ленькое по пло́щади госуда́рство ми́ра.

2. Росси́я явля́ется одно́й из крупне́йших морски́х держа́в.

3. На за́паде Росси́я име́ет морску́ю грани́цу с Япо́нией и США.

4. Са́мая высо́кая то́чка Росси́и—гора́ Эльбру́с.

5. Каспи́йское мо́ре—э́то са́мое глубо́кое и са́мое большо́е пре́сное о́зеро не то́лько в Росси́и, но и во всём ми́ре.

РАЗДЕ́Л 2　МЕ́НЕДЖМЕНТ

ТЕО́РИЯ ЧЕЛОВЕ́ЧЕСКИХ ПОТРЕ́БНОСТЕЙ МА́СЛОУ

А́брахам Ма́слоу признава́л, что лю́ди име́ют мно́жество разли́чных потре́бностей, но полага́л та́кже, что э́ти потре́бности мо́жно раздели́ть на пять основны́х катего́рий:

1. Физиологи́ческие потре́бности: состоя́т из основны́х, перви́чных потре́бностей челове́ка, иногда́ да́же неосо́знанных.

2. Потре́бность в безопа́сности: потре́бность в стаби́льности; в зави́симости; в защи́те; в свобо́де от стра́ха, трево́ги и ха́оса; потре́бность в структу́ре, поря́дке, зако́не, ограниче́ниях; други́е потре́бности.

3. Потре́бность в принадле́жности и любви́: челове́к жа́ждет тёплых, дру́жеских отноше́ний, ему́ нужна́ социа́льная гру́ппа, кото́рая обеспе́чила бы его́ таки́ми отноше́ниями, семья́, кото́рая приняла́ бы его́ как своего́.

4. Потре́бность в призна́нии: потре́бности э́того у́ровня подразделя́ются на два кла́сса. В пе́рвый вхо́дят жела́ния и стремле́ния, свя́занные с поня́тием "достиже́ние". Челове́ку необходи́мо ощуще́ние со́бственного могу́щества, адеква́тности, компете́нтности, ему́ ну́жно чу́вство уве́ренности, незави́симости и свобо́ды. Во второ́й класс потре́бностей мы включа́ем потре́бность в репута́ции и́ли в прести́же (мы определя́ем э́ти поня́тия, как уваже́ние окружа́ющих), потре́бность в завоева́нии ста́туса, внима́ния, призна́ния, сла́вы.

5. Потре́бность в самовыраже́нии, самоактуализа́ции: челове́к обя́зан быть тем, кем он мо́жет быть. Челове́к чу́вствует, что он до́лжен соотве́тствовать со́бственной приро́де. У ра́зных люде́й э́та потре́бность выража́ется по-ра́зному.

Эстети́ческие потре́бности: эстети́ческие потре́бности те́сно переплетены́ и с конати́вными, и с когнити́вными потре́бностями, и потому́ их чёткая дифференциа́ция невозмо́жна. К таки́м потре́бностям отно́сят потре́бность в поря́дке, в симме́трии, в заверше́нности, в зако́нченности, в систе́ме, в структу́ре.

Систе́ма потре́бностей Ма́слоу—иерархи́ческая, то есть потре́бности ни́жних у́ровней тре́буют удовлетворе́ния и, сле́довательно, влия́ют на поведе́ние челове́ка пре́жде, чем на мотива́цию начну́т ска́зываться потре́бности бо́лее высо́ких у́ровней. В ка́ждый конкре́тный моме́нт вре́мени челове́к бу́дет стреми́ться к удовлетворе́нию той потре́бности, кото́рая для него́ явля́ется бо́лее ва́жной и́ли си́льной. Пре́жде, чем потре́бность сле́дующего у́ровня ста́нет наибо́лее мо́щным определя́ющим фа́ктором в поведе́нии челове́ка, должна́ быть удовлетворена́ потре́бность бо́лее ни́зкого у́ровня. Поско́льку с разви́тием челове́ка как ли́чности расширя́ются его́ потенциа́льные возмо́жности, потре́бность в самовыраже́нии никогда́ не мо́жет быть по́лностью удовлетворена́. Поэ́тому и проце́сс мотива́ции поведе́ния че́рез потре́бности бесконе́чен.

{ **Но́вые слова́** }

| потре́бность | 需求,要求(阴) | репута́ция | 声誉 |
| физиологи́ческий | 生理上的 | прести́ж | 威望 |

безопа́сность	安全(阴)	ста́тус	地位
стаби́льность	稳定性(阴)	сла́ва	荣耀
страх	恐惧	самовыраже́ние	自我表现
трево́га	焦虑	самоактуализа́ция	自我实现
ха́ос	混乱	эстети́ческий	美学的
ограниче́ние	限制	переплести́	交织在一起
принадле́жность	隶属关系(阴)	конати́вный	意动的
жа́ждать	渴望	когнити́вный	认知的
призна́ние	承认	дифференциа́ция	分化
могу́щество	势力	иерархи́ческий	分层的
адеква́тность	相符性(阴)	удовлетворе́ние	满意
компете́нтность	权威性(阴)	потенциа́льный	潜在的

Зада́ния к те́ксту

I. Отве́тьте на вопро́сы по те́ксту.

1. Ско́лько ви́дов потре́бностей челове́ка вы́делил А́брахам Ма́слоу?

2. Перечи́слите ви́ды потре́бностей Ма́слоу. Каки́е из них явля́ются наибо́лее ва́жными, на ваш взгляд?

3. Систе́ма потре́бностей Ма́слоу иерархи́ческая. Объясни́те, в чём заключа́ется их иерархи́чность.

II. Соедини́те слова́ с их определе́нием либо сино́нимом(Табли́ца 15. 2).

Табли́ца 15. 2

Слова́	Определе́ние, сино́ним
потре́бность	беспоря́док
страх	нужда́
ха́ос	возмо́жный
репута́ция, прести́ж	трево́га
потенциа́льный	уваже́ние окружа́ющих

III. Соста́вьте предложе́ния со сле́дующими слова́ми.

потре́бность; страх; репута́ция; потенциа́льный;

ха́ос ≠ поря́док (анто́нимы); перви́чный ≠ второстепе́нный (анто́нимы).

УРÓК 16

РАЗДЕ́Л 1   ТЕКСТ

О ГЕОГРА́ФИИ РОССИ́И (2)

Приро́дные ресу́рсы

Росси́я—страна́, бога́тая приро́дными ресу́рсами. Здесь на́йдено мно́жество месторожде́ний таки́х поле́зных ископа́емых, как у́голь, нефть, ру́ды цветны́х мета́ллов, зо́лото, алма́зы, пла́тина и други́е. Учёным да́же тру́дно оцени́ть запа́сы э́тих ресу́рсов. По запа́сам не́фти Росси́я занима́ет седьмо́е ме́сто в ми́ре, по запа́сам угля́—тре́тье, а по запа́сам га́за—пе́рвое. Кро́ме того́, страна́ име́ет значи́тельные запа́сы разли́чных металли́ческих руд. Коне́чно, Росси́я бога́та не то́лько поле́зными ископа́емыми. Плодоро́дные по́чвы, луга́ и па́стбища, ли́ственные и хво́йные леса́, живо́тный мир—всё э́то то́же бога́тства Росси́и. Леса́ми занята́ почти́ полови́на террито́рии страны́, а ви́дов живо́тных, птиц, рыб здесь насчи́тывается бо́лее, чем 1 700. В Росси́и обита́ет бо́льшая часть мирово́й популя́ции бу́рого медве́дя, кото́рый счита́ется живо́тным-си́мволом э́той страны́.

Кли́мат

Кли́мат в Росси́и в це́лом уме́ренный и континента́льный. На всей террито́рии страны́ есть я́рко вы́раженные ле́то и зима́. Одна́ко е́сли дви́гаться на восто́к и на се́вер, то зи́мы стано́вятся холодне́е. Зимо́й почти́ везде́ идёт снег, за исключе́нием са́мых ю́жных райо́нов о́коло Чёрного мо́ря. Са́мый холо́дный регио́н в Росси́и—э́то респу́блика Саха́. Зимо́й температу́ра мо́жет па́дать до −60—−50 гра́дусов. В европе́йской ча́сти Росси́и зи́мы не таки́е холо́дные—о́коло −15—−10 гра́дусов, в Сиби́ри и на Да́льнем восто́ке— −25—−20 гра́дусов. Сре́дняя температу́ра ле́том—о́коло 20—25 гра́дусов, но иногда́ мо́жет быть и жа́рче, да́же до 45 гра́дусов.

Зада́ния к те́ксту

I. Вы́учите но́вые слова́ и словосочета́ния.

приро́дный ресу́рс	自然资源	пла́тина	铂金
месторожде́ние	矿产地	газ	天然气
поле́зные ископа́емые	矿产	плодоро́дная по́чва	肥沃的土壤
у́голь	煤炭（阳）	популя́ция	种群

нефть	石油(阴)	бýрый медвéдь	棕熊
рýды цветнЫх метáллов	有色金属矿石	умéренный	适中的
зóлото	黄金	континентáльный	大陆的
алмáз	钻石	Я́рко вЫраженный	表现很明显的

II. Отвéтьте на вопрóсы.

А.

　1. Какими прирóдными ресýрсами богáта Россия?

　2. Какóй климат в России? Опишите егó.

　3. Назовите сáмое холóдное и сáмое жáркое местá в России.

Б.

　1. Какими прирóдными ресýрсами богáта вáша странá?

　2. Какóй климат в вáшей странé? Опишите егó. Где нахóдится сáмое холóдное мéсто в вáшей странé? А сáмое жáркое?

III. Заполните прóпуски в соотвéтствии с содержáнием тéкста.

　1. Россия—странá, богáтая прирóдными _____.

　2. В России нáйдено мнóжество _____ полéзных ископáемых.

　3. _____ пóчвы, лугá и пáстбища, лиственные и хвóйные лесá, живóтный мир—всё э́то тóже богáтства России.

　4. Зимóй почти вездé идёт _____, за исключéнием сáмых Ю́жных райóнов óколо Чёрного мóря.

　5. На всей территóрии странЫ есть Я́рко _____ лéто и зимá.

IV. Соедините словá и словосочетáния с их определéнием (Таблица 16. 1).

Таблица 16. 1

Словá и словосочетáния	Определéние
Я́рко вЫраженный	лугá, лесá, живóтный мир
прирóдные ресýрсы	даЮщий плодЫ
полéзные ископáемые	количество
плодорóдный	óчень замéтный
месторождéние	Ýголь, нефть, рýды цветнЫх метáллов, зóлото, алмáзы, плáтина, газ
популЯ́ция	мéсто, где добывáют полéзные ископáемые

V. Прочитáйте предложéния. ВЫ соглáсны с тем, что напúсано? Éсли нет, то испрáвьте ошибки.

　1. Россия занимáет пéрвое мéсто по запáсам гáза.

　2. Лесáми зáнята почти одна треть территóрии России.

　3. В России обитáет бóльшая часть мировóй популЯ́ции бýрого медвéдя.

　4. В России нет лéта.

　5. Зимóй температýра в респýблике Сахá мóжет пáдать до −40 грáдусов.

РАЗДЕ́Л 2   МЕ́НЕДЖМЕНТ

ЧТО ТАКО́Е ТЕО́РИЯ ОРГАНИЗА́ЦИИ?

Тео́рия организа́ции явля́ется ча́стью о́бщей тео́рии ме́неджмента и тео́рии систе́м управле́ния. Тео́рия организа́ции изуча́ет совреме́нные организа́ции (предприя́тия, учрежде́ния, обще́ственные объедине́ния), отноше́ния, возника́ющие внутри́ э́тих формирова́ний, их поведе́ние и связь с вне́шней средо́й. Тео́рия организа́ции иссле́дует о́бщие сво́йства, зако́ны и закономе́рности созда́ния и разви́тия организа́ции как еди́ного це́лого.

В ра́мках тео́рии организа́ции вопро́сы управле́ния рассма́триваются в пе́рвую о́чередь с то́чки зре́ния организацио́нных отноше́ний, т. е. в це́нтре внима́ния ока́зываются пробле́мы построе́ния эффекти́вных организацио́нных структу́р и распределе́ния фу́нкций управле́ния по организацио́нным едини́цам, а та́кже пробле́мы взаимосвя́зи и взаимозави́симости субъе́ктов, составля́ющих организа́цию, их влия́ние на достиже́ние о́бщих це́лей организа́ции.

Промы́шленная револю́ция XVII—XIX вв. поста́вила зада́чу нау́чного подхо́да к управле́нию людьми́ в организа́циях. Разви́тие но́вой те́хники и техноло́гий привело́ к концентра́ции огро́много числа́ рабо́чих на фа́бриках и заво́дах и, соотве́тственно, вы́звало мно́жество организацио́нных пробле́м. Тако́е усложне́ние би́знеса потре́бовало бо́лее систематизи́рованного, нау́чно-обосно́ванного подхо́да к организа́ции произво́дства и управле́нию.

```
Но́вые слова́
```

организа́ция	组织,机构	взаимозави́симость	相互依存(阴)
ме́неджмент	管理	револю́ция	革命
вне́шняя среда́	外部环境	подхо́д	方法
взаимосвя́зь	相互关系(阴)	концентра́ция	集中

Зада́ния к те́ксту

I. Отве́тьте на вопро́сы по те́ксту.

1. Что изуча́ет тео́рия организа́ции?

2. Когда́ возни́к нау́чный подхо́д к управле́нию людьми́ в организа́циях?

3. Что послужи́ло причи́ной возникнове́ния тео́рии организа́ции?

II. Соста́вьте предложе́ния со сле́дующими слова́ми.

ме́неджмент = управле́ние (сино́нимы), организа́ция, формирова́ние = предприя́тие, учрежде́ние, обще́ственное объедине́ние (сино́нимы).

III. Переведи́те сле́дующие словосочета́ния на кита́йский язы́к.

организацио́нные отноше́ния, организацио́нная структу́ра,

организацио́нная едини́ца, организацио́нная пробле́ма.

УРО́К 17

РАЗДЕ́Л 1   ТЕКСТ

ОСО́БЕННОСТИ РУ́ССКИХ ЖЕ́СТОВ И МИ́МИКИ (1)

(по А. А. Аки́шиной 《Же́сты и ми́мика в ру́сской ре́чи》)

А вы зна́ли, что оди́н и тот же жест мо́жет у ра́зных наро́дов име́ть ра́зные значе́ния? "Знако́мый" жест мо́жет затрудни́ть изуче́ние иностра́нного языка́ и́ли привести́ к разли́чным недоразуме́ниям в обще́нии с иностра́нцами. Поэ́тому, изуча́я иностра́нный язы́к, необходи́мо познако́миться и с "языко́м те́ла".

Возьмём, к приме́ру, широко́ изве́стный ру́сский жест одобре́ния и положи́тельной оце́нки—по́днятый большо́й па́лец. Éсли э́тот жест бу́дет применён в обще́нии на у́лице, то англича́нин поймёт его́ как знак остано́вки тра́нспорта.

Постоя́нно опу́щенный взгляд во вре́мя разгово́ра мо́жет вы́звать у ру́сских впечатле́ние ло́жности сообще́ния, скры́тности и́ли стыдли́вости собесе́дника. А у япо́нцев, наоборо́т, не при́нято смотре́ть в глаза́ собесе́днику.

Да, жест—национа́лен. Существу́ет да́же этике́т же́ста. У ру́сских, к приме́ру, о́чень неве́жливо пока́зывать на что—либо, осо́бенно на челове́ка, па́льцем. Éсли ну́жно показа́ть, ука́зывают всей руко́й. По ру́сскому рукопожа́тию мо́жно не то́лько узна́ть отноше́ние челове́ка к тебе́, но и мно́гое о его́ хара́ктере.

Ру́сские отлича́ются относи́тельной сде́ржанностью в жестикули́ровании и употребля́ют приме́рно со́рок же́стов в час. Для сравне́ния за э́то же вре́мя разгово́ра мексика́нец де́лает 180 же́стов, францу́з—120, италья́нец—80. Но для наро́дов, ма́ло жестикули́рующих, ру́сское обще́ние ка́жется си́льно насы́щенным же́стами.

В отли́чие от же́стов европе́йцев ру́сские же́сты практи́чески не синхро́нны—ру́сские жестикули́руют одно́й руко́й (пра́вой). Дово́льно ча́сто движе́ния руки́ заменя́ют движе́ниями голово́й, плеча́ми. Наприме́р, ука́зывая направле́ние, ру́сские обы́чно де́лают движе́ние в сто́рону голово́й, говоря́: "Вам ну́жно в э́ту сто́рону", а вме́сто слов "не зна́ю" пожима́ют плеча́ми.

Éсли говори́ть о расстоя́нии обще́ния, то у ру́сских оно́ ме́ньше, чем у большинства́ восто́чных наро́дов, и бо́льше по сравне́нию, наприме́р, с испа́нцами. Официа́льная зо́на обще́ния ру́сских обы́чно определя́ется расстоя́нием, ра́вным длине́ двух рук, протя́нутых для рукопожа́тия, а зо́на дру́жеская—длине́ двух со́гнутых в ло́кте рук. В то вре́мя как у наро́дов, не по́льзующихся рукопожа́тием, э́то расстоя́ние намно́го длинне́е, поскóльку онó определя́ется поклóнами.

Тáкже большóе значéние в общéнии имéет взгляд. Рýсский обы́чай предполагáет смотрéть пря́мо в глазá, э́тим определя́ется стéпень теплоты́ и откровéнности в контáкте. Напрáвленный пря́мо в глазá взгляд рýсских воспринимáется мнóгими востóчными нарóдами как невéжливость, а рýсскими взгляд э́тих нарóдов в стóрону воспринимáется как стесни́тельность и́ли нежелáние быть и́скренними.

У рýсских по сравнéнию с востóчными и мнóгими европéйскими нарóдами намнóго бóльше рáзвито прикосновéние. Рýсские мáтери вóдят зá руку детéй, влюблённые и супрýги гуля́ют, держá друг дрýга зá руку, пóд руку друг с дрýгом хóдят жéнщины.

По сравнéнию с испáнцами и итальáнцами рýсские целýются мáло, а по сравнéнию с нарóдами И́ндии, Китáя—мнóго. Рýсские целýются три рáза, когдá привéтствуют друг дрýга и́ли поздравля́ют с прáздником. Как прáвило, э́то бли́зкие лю́ди, рóдственники, друзья́.

А как вы считáете, жéсты в Росси́и и Китáе совпадáют?

Задáния к тéксту

I. Вы́учите нóвые словá и словосочетáния.

жест	手势	темперáмент	气质
недоразумéние	误解	лóкоть	肘部(阳)
одобрéние	称赞	синхрóнный	同步的
опýщенный взгляд	垂下的目光	пожимáть плечáми	耸耸肩
скры́тность	不坦率(阴)	стыдли́вость	羞怯,害羞(阴)
перейти́ на дрýжескую нóгу	转入友好状态	поддрáзнивание	戏弄
привéтствовать	迎接	воображáемый	想象中的
откровéнность	坦率(阴)	рукопожáтие	握手
дéрзость	粗鲁,无礼(阴)	сдéржанность	克制(阴)
прикосновéние	接触	жестикули́рование	做手势(名)
ходи́ть пóд руку	手挽手走路	жестикули́ровать	做手势(动)
предназначéние	用途,作用		

II. Отвéтьте на вопрóсы.

А.

1. Почемý незнáние жéстов другóй страны́ мóжет вы́звать недоразумéния?

2. Какóй жест в Росси́и явля́ется знáком одобрéния?

3. Как вы дýмаете, рýсские лю́ди мнóго жестикули́руют?

4. Какóе расстоя́ние при́нято в Росси́и мéжду собесéдниками?

Б.

1. Какóй жест в вáшей странé явля́ется знáком одобрéния?

2. В ва́шей стране́ смо́трят собесе́днику пря́мо в глаза́?

3. Вы мно́го жестикули́руете?

4. Како́е обы́чно расстоя́ние ме́жду собесе́дниками в ва́шей стране́?

III. *Запо́лните про́пуски в соотве́тствии с содержа́нием те́кста.*

1. "Знако́мый" жест мо́жет затрудни́ть изуче́ние иностра́нного языка́ и́ли привести́ к разли́чным _____ в обще́нии с иностра́нцами.

2. По ру́сскому _____ мо́жно не то́лько узна́ть отноше́ние челове́ка к тебе́, но и мно́гое о его́ хара́ктере.

3. Ру́сские отлича́ются относи́тельной _____ и употребля́ют приме́рно со́рок же́стов в час.

4. Ру́сские же́сты практи́чески не _____—ру́сские жестикули́руют одно́й руко́й (пра́вой).

5. У ру́сских при встре́че же́нщины и мужчи́ны _____ пе́рвым до́лжен мужчи́на же́нщину.

6. У ру́сских большо́е значе́ние в обще́нии име́ет _____ и _____.

IV. *Соедини́те же́сты с их значе́нием (Табли́ца 17. 1).*

Табли́ца 17. 1

Же́сты	Значе́ние
по́днятый большо́й па́лец	ло́жность сообще́ния, скры́тность и́ли стыдли́вость собесе́дника
постоя́нно опу́щенный взгляд во вре́мя разгово́ра	когда́ челове́к не зна́ет чего́-то
пожа́тие плеча́ми	одобре́ние и положи́тельная оце́нка

V. *Прочита́йте предложе́ния. Вы согла́сны с тем, что напи́сано? Е́сли нет, то испра́вьте оши́бки.*

1. Язы́к те́ла—э́то значе́ния же́стов.

2. В ра́зных стра́нах ми́ра же́сты име́ют одина́ковое значе́ние.

3. В А́нглии по́днятый большо́й па́лец означа́ет жела́ние останови́ть тра́нспорт.

4. В Росси́и, е́сли ну́жно показа́ть на како́й-либо предме́т, ука́зывают всей руко́й.

5. Ру́сские лю́ди бо́лее сде́ржанны в жестикули́ровании, чем францу́зы и италья́нцы.

РАЗДЕ́Л 2   ПРОМЫ́ШЛЕННЫЙ ДИЗА́ЙН

ТЕКСТ 1   ЧТО ТАКО́Е ПРОМЫ́ШЛЕННЫЙ ДИЗА́ЙН

Промы́шленный диза́йн (промдиза́йн, предме́тный диза́йн, индустриа́льный диза́йн)—о́трасль диза́йна, о́бласть худо́жественно-техни́ческой де́ятельности, це́лью кото́рой явля́ется определе́ние форма́льных ка́честв промы́шленно-производи́мых изде́лий, а и́менно их структу́рных и функциона́льных осо́бенностей и вне́шнего ви́да.

Промышленный дизайн как вид деятельности включает в себя элементы искусства, маркетинга и технологии. Промышленный дизайн охватывает широчайший круг объектов, от домашней утвари до высокотехнологичных, наукоёмких изделий. В традиционном понимании к задачам промышленного дизайна относятся прототипирование бытовой техники, производственных установок и их интерфейсов, наземного и воздушного транспорта (в том числе автомобилей, самолётов, поездов), разнообразного инвентаря. Особое место занимает дизайн мебели и элементов интерьера, посуды и столовых приборов, разработка форм и концептов которых имеет глубокие исторические предпосылки.

Новые слова

промышленный дизайн (промдизайн)	工业品工艺设计	высокотехнологичный	高科技的
наукоёмкий	技术密集型的	предметный	物品的
традиционный	传统的	индустриальный	工业的
включать/ включить	包括	художественно-технический	美术工艺的
прототипирование	原型化	деятельность	活动(阴)
бытовая техника	家电	цель	目的(阴)
производственный	生产的	определение	确定
установка	设备,装置	формальный	正式的
интерфейс	界面,接口	качество	质量
наземный	地面上的	производимый	所生产的
воздушный	空中的	изделие	产品
автомобиль	汽车(阳)	структурный	结构的
самолёт	飞机	функциональный	功能的
разнообразный	各种各样的	особенность	特点,特性(阴)
инвентарь	用具,器材(阳)	внешний вид	外观
особый	特殊的,特别的	вид	外貌;种类;形式
занимать/занять	占据	понимание	理解,观点
мебель	家具(阴)	элемент	元素;元件,零件
интерьер	室内装修	искусство	艺术
посуда	器皿	маркетинг	市场营销
столовый прибор	餐具	технология	工艺
разработка	研究;开发	охватывать/ охватить	包含

концéпт	概念	широ́кий	宽的
глубо́кий	深刻的；深的	дома́шняя у́тварь	家庭用具
предпосы́лка	先决条件，前提		

Задáния к тéксту

1. Переведи́те слéдующие словосочетáния на ру́сский язы́к.

(1) 工业品工艺设计

(2) 所生产的产品

(3) 结构特点

(4) 餐具

(5) 家电

(6) 空中运输（空运）

(7) 占据特殊地位

(8) 包括

2. Переведи́те слéдующие словосочетáния на китáйский язы́к.

(1) функционáльная осóбенность

(2) внéшний вид

(3) дома́шняя у́тварь

(4) худóжественно-техни́ческая дéятельность

(5) назéмный трáнспорт

(6) истори́ческая предпосы́лка

(7) относи́ться к кому́-чему́

(8) разрабóтка форм и концéптов

3. Отвéтьте на слéдующие вопрóсы.

(1) Что включáет в себя́ промы́шленный дизáйн?

(2) Что являéется цéлью промы́шленного дизáйна?

(3) Что отнóсится к задáчам промы́шленного дизáйна в традициóнном понимáнии?

(4) Что занимáет осóбое мéсто в промы́шленном дизáйне?

(5) Что имéет глубóкие истори́ческие предпосы́лки?

ТЕКСТ 2   ЦВЕТОВÉДЕНИЕ

Дисципли́на "Цветовéдение" вхóдит в две óбласти знáний: пéрвая, предваря́ющая, отнóсится к óбласти психолóгии и знакóмит с закономéрностями зри́тельного восприя́тия, необходи́мыми для понимáния цветовóй гармóнии и композициóнных при́нципов, а тáкже для дизáйнерской прáктики в цéлом. Вторáя, основнáя, посвященá непосрéдственно цвéту, егó теóрии, исслéдованию свóйств и óпыту применéния в профессионáльной дéятельности.

В да́нном ку́рсе изуча́ются усло́вия возникнове́ния зри́тельных фено́менов, зако́ны их восприя́тия; зако́ны цветообразова́ния и при́нципы цветово́й гармо́нии, класси́ческие и совреме́нные цветовы́е моде́ли и тео́рии цве́та, осно́вы психологи́ческого возде́йствия цве́та. Студе́нты иссле́дуют усло́вия возникнове́ния зри́тельных фено́менов, осва́ивают ме́тоды их оце́нки; наблюда́ют и иссле́дуют усло́вия возникнове́ния цве́та, эффе́кты его́ проявле́ния и смеше́ния, изуча́ют сво́йства све́та, цве́та, пигме́нтов. Студе́нты получа́ют практи́ческие на́выки использования цве́та, приобрета́ют о́пыт рабо́ты с кра́сками и цифровы́м цве́том при созда́нии живопи́сных компози́ций, о́пыт подбо́ра ко́лера по станда́ртным катало́гам и по образцу́. Дома́шние зада́ния напра́влены на закрепле́ние полу́ченных зна́ний и на́выков и на разви́тие цветовосприя́тия в пра́ктике рабо́ты с цве́том.

Но́вые слова́

дисципли́на	学科	моде́ль	模型(阴)
цветове́дение	色彩学	осно́ва	基本原理;基础
вводи́ть/ввести́ во что	引入	знако́мить/ познако́мить	介绍
предваря́ющий	预先的	возде́йствие	作用,影响
психоло́гия	心理学	иссле́довать	研究,考察
психологи́ческий	心理的	осва́ивать/освои́ть	掌握,学会
закономе́рность	规律性(阴)	ме́тод	方法
зри́тельный	视觉的	оце́нка	评价
восприя́тие	感知,理解	наблюда́ть	观察
необходи́мый	必需的	эффе́кт	效果
цветово́й	颜色的	проявле́ние	显示,出现
гармо́ния	和谐,协调	смеше́ние	混合
композицио́нный	构图的	свет	光
полу́ченный	所获得的	пигме́нт	色素,色质
пра́ктика	实践	практи́ческий	实用的,实践的
в це́лом	整体上	использование	运用
основно́й	主要的,基本的	приобрета́ть/ приобрести́	获得
посвяща́ть/ посвяти́ть	使……专供…… 之用	направля́ть/ напра́вить	针对,指向
непосре́дственно	直接地	цифрово́й	数字的
тео́рия	理论	созда́ние	创作

исслéдование	研究	живопи́сный	写生画的
свóйство	性质, 属性	композиция	构图
применéние	应用	подбóр	选择
да́нный	该, 此	кóлер	色调, 色彩
курс	课程	станда́ртный	标准的
усло́вие	条件	катало́г	目录
возникновéние	出现	кра́ска	颜料
фенóмен	现象	закреплéние	巩固
класси́ческий	古典的	разви́тие	发展

Зада́ния к тéксту

1. Переведи́те слéдующие словосочета́ния на ру́сский язы́к.

(1) 心理学领域

(2) 介绍某人认识什么

(3) 本课程

(4) 构图原理

(5) 获得实际技能

(6) 获得经验

(7) 标准目录

(8) 视觉感知

(9) 色彩和谐的原则

2. Переведи́те слéдующие словосочета́ния на кита́йский язы́к.

(1) осва́ивать мéтоды

(2) цветова́я гармóния

(3) диза́йнерская пра́ктика

(4) в профессиона́льной дéятельности

(5) óпыт применéния в чём

(6) в цéлом

(7) усло́вие возникновéния чегó

(8) закóны цветообразова́ния

(9) вводи́ть во что

3. Отвéтьте на вопрóсы.

(1) Что явля́ется предваря́ющей óбластью дисципли́ны "Цветовéдение"?

(2) Чему́ посвящена́ основна́я óбласть дисципли́ны "Цветовéдение"?

(3) Что изуча́ется в да́нном ку́рсе?

(4) Что студéнты дéлают в э́том ку́рсе?

(5) На что напра́влены дома́шние зада́ния?

ТЕКСТ 3 ОРГАНИЗА́ЦИЯ ДИЗА́ЙНЕРСКОЙ ДЕ́ЯТЕЛЬНОСТИ

В да́нном ку́рсе слу́шатели приобрета́ют уме́ние рациона́льно и эффекти́вно организова́ть проце́сс диза́йн－проекти́рования, проце́сс обще́ния с клие́нтом; уме́ние соблюда́ть и отста́ивать свои́ тво́рческие комме́рческие интере́сы; уме́ние пра́вильно и рациона́льно вести́ догово́рные отноше́ния; уме́ние довести́ прое́кт до воплоще́ния; зна́ние о защи́те а́вторских прав.

В ра́мках ку́рса рассма́триваются: осно́вы организа́ции проце́сса проекти́рования, управле́ние прое́ктом, взаимоде́йствие с клие́нтом, продвиже́ние прое́кта, а́вторский надзо́р, догово́рная и прое́ктная документа́ция, диза́йн-ме́неджмент, а́вторское и пате́нтное пра́во, поле́зные моде́ли и промы́шленные образцы́.

Но́вые слова́

организа́ция	组织	догово́рный	合同的
слу́шатель	听众;学生(阳)	отноше́ние	关系
уме́ние	能	рациона́льно	合理地
довести́/доводи́ть до чего́	使……达到,使……进行到	организо́вывать/организова́ть	组织,安排
прое́кт	项目	эффекти́вно	有效地
воплоще́ние	体现,反映	защи́та	保护
проце́сс	过程	а́вторское пра́во	版权,著作权
диза́йн-проекти́рование	规划设计	взаимоде́йствие	相互配合,相互作用
обще́ние	交流	рассма́триваться	被观察,被看作
клие́нт	客户	управле́ние	管理
соблюда́ть/соблюсти́	保持	ра́мка	框架,范围
отста́ивать/отстоя́ть	维护	продвиже́ние	推进,推广
тво́рческий	创作的,创造的	прое́ктный	设计的,方案的
комме́рческий	商业的	пате́нтное пра́во	专利权
интере́с	利益(常用复数)	поле́зный	有效的,适用的

Зада́ния к те́ксту

1. Переведи́те сле́дующие словосочета́ния на ру́сский язы́к.

(1)合理有效地组织

(2)与客户交流

(3)商业利益

(4)版权保护

(5)设计监督

(6)项目管理

(7)合同和项目文件

2. Переведи́те сле́дующие словосочета́ния на кита́йский язы́к.

(1)организова́ть проце́сс диза́йн-проекти́рования

(2)вести́ догово́рные отноше́ния

(3)довести́ прое́кт до воплоще́ния

(4)в ра́мках чего́

(5)взаимоде́йствие с клие́нтом

(6)продвиже́ние прое́кта

(7)пате́нтное пра́во

3. Отве́тьте на вопро́сы.

(1)Что слу́шатели приобрета́ют в ку́рсе "Организа́ция диза́йнерской де́ятельности"?

(2)Что рассма́тривается в ра́мках ку́рса?

УРО́К 18

РАЗДЕ́Л 1 ТЕКСТ

ОСО́БЕННОСТИ РУ́ССКИХ ЖЕ́СТОВ И МИ́МИКИ (2)

(по А. А. Аки́шиной《Же́сты и ми́мика в ру́сской ре́чи》)

Почему́ ру́сские ма́ло улыба́ются? (по И. А. Стѐрнину)

Лю́ди улыба́ются ка́ждый день: до́ма, на рабо́те, в компа́нии друзе́й, оди́н на оди́н с собо́й. Все мы слы́шали об "америка́нской улы́бке", Таила́нд называ́ют "страно́й ты́сячи улы́бок", но ма́ло кто ассоции́рует Росси́ю с улы́бчивыми людьми́... Ру́сская улы́бка уника́льна, как и улы́бка в любо́й стране́. Ио́сиф Абра́мович Стѐрнин, изве́стный среди́ лингви́стов специали́ст по коммуникати́вному поведе́нию, вы́делил сле́дующие характѐрные осо́бенности ру́сской улы́бки.

Во–пе́рвых, ру́сские улыба́ются обы́чно то́лько губа́ми и не демонстри́руют зу́бы.

Во–вторы́х, улы́бка в ру́сском обще́нии не обяза́тельна при приве́тствии и́ли в хо́де вѐжливого разгово́ра, потому́ что она́ не явля́ется зна́ком вѐжливости. Улы́бка из вѐжливости счита́ется при́знаком неи́скренности.

В–тре́тьих, в Росси́и не при́нято улыба́ться незнако́мым лю́дям, в том числе́ при исполне́нии служе́бных обя́занностей. Поэ́тому обы́чно продавщи́цы не улыба́ются покупа́телям, как и официа́нты—гостя́м рестора́на.

В–четвёртых, ру́сская улы́бка—э́то знак ли́чной симпа́тии. В ру́сском обще́нии не при́нято улыба́ться незнако́мому челове́ку в отве́т, е́сли вы случа́йно встре́тились взгля́дом. На́ши лю́ди отво́дят взгляд, потому́ что понима́ют улы́бку как нача́ло разгово́ра, кото́рый они́ не плани́ровали.

И наконе́ц, в–пя́тых, у ру́сских популя́рна посло́вица "Смех без причи́ны—при́знак дурачи́ны", поэ́тому улы́бка в Росси́и должна́ име́ть причи́ну, кото́рая изве́стна всем лю́дям вокру́г вас. В проти́вном слу́чае окружа́ющие мо́гут вас непра́вильно поня́ть.

НЕ́КОТОРЫЕ РУ́ССКИЕ ЖЕ́СТЫ

1. Крути́ть па́льцем у виска́—ненорма́льный, сумасше́дший 手指绕着太阳穴转圈——不正常,疯子 	2. Большо́й па́лец кве́рху—одобре́ние, похвала́ 大拇指向上——赞成,称赞
3. Кива́ть голово́й—согла́сие 点头——同意 	4. Кача́ть голово́й—отрица́ние 摇头——否定 
5. Проводи́ть ладо́нью по го́рлу—сверх ме́ры 用手掌摸一下喉咙——过分,过度 	6. Прикла́дывать па́лец к губа́м—та́йно, ти́хо 把手指贴近嘴唇——秘密地,安静
7. Свист, то́пот нога́ми—неодобре́ние 吹口哨,跺脚——不赞成 	8. Щелчо́к двумя́ па́льцами по го́рлу—приглаше́ние вы́пить; пья́ный 用两根手指弹喉咙——邀请一起喝酒;醉酒的 

9. Хло́пать ладо́нью по́ лбу—проявле́ние недово́льства к себе́ 用手掌拍额头——对自己不满意 	10. Пожа́тие плеча́ми—сомне́ние 耸肩——怀疑 

Зада́ния к те́ксту

I. Вы́учите но́вые слова́ и словосочета́ния.

ассоции́ровать	关联	отводи́ть взгляд	把目光移开
неи́скренность	不真诚(阴)	посло́вица	谚语
служе́бная обя́занность	公职,职务	симпа́тия	同情

II. Отве́тьте на вопро́сы.

1. Почему́ Росси́ю не ассоции́руют со страно́й улы́бчивых люде́й?

2. Когда́ в Росси́и при́нято улыба́ться?

3. В ва́шей стране́ при́нято улыба́ться незнако́мцам?

III. Запо́лните про́пуски в соотве́тствии с содержа́нием те́кста.

1. Лю́ди _____ ка́ждый день: до́ма, на рабо́те, в компа́нии друзе́й, оди́н на оди́н с собо́й.

2. Ру́сские улыба́ются обы́чно то́лько _____ и не демонстри́руют зу́бы.

3. Ру́сская улы́бка—э́то знак ли́чной _____ .

4. Е́сли ру́сскому челове́ку улыбнётся незнако́мый челове́к, то он отведёт _____ .

5. Смех без _____ —при́знак дурачи́ны.

IV. Соедини́те же́сты с их значе́нием(Табли́ца 18. 1).

Табли́ца 18. 1

Же́сты	Значе́ние
крути́ть па́льцем у виска́	та́йно, ти́хо
кива́ть голово́й	сверх ме́ры
прикла́дывать па́лец к губа́м	ли́чная симпа́тия
проводи́ть ладо́нью по го́рлу	ненорма́льный, сумасше́дший
улы́бка	согла́сие

V. Прочитáйте предложéния. Вы соглáсны с тем, что напúсано. Éсли нет, то испрáвьте ошúбки.

1. Рýсская улы́бка уникáльна, как и улы́бка в любóй странé.

2. Рýсские улыбáются, широкó раскры́в рот.

3. Улы́бка из вéжливости считáется прúзнаком неúскренности.

4. Продавцы́ улыбáются всем покупáтелям.

5. Послóвица "Смех без причúны—прúзнак дурачúны" означáет, что улы́бка до-лжнá имéть причúну, котóрая извéстна всем лю́дям вокрýг вас.

РАЗДÉЛ 2 ГРАЖДÁНСКОЕ СТРОЍТЕЛЬСТВО

ТЕКСТ 1 ЧТО ТАКÓЕ ГРАЖДÁНСКОЕ СТРОЍТЕЛЬСТВО

Граждáнское строúтельство явля́ется óтраслью капитáльного строúтельства, предпо-лагáющей возведéние объéктов непроизвóдственной сфéры, к котóрым отнóсятся жи-лы́е, óфисные и административные здáния, объéкты образовáния, здравоохранéния и культýры, жилúщно—коммунáльной сфéры и общéственного питáния, а тáкже спортúв-ные сооружéния, торгóвые, развлекáтельные и гостúничные комплéксы. Такúм óбра-зом, граждáнское строúтельство отличáется огрóмным разнообрáзием направлéний, ис-пóльзуемых материáлов и констрýкций и трéбует постоя́нного обновлéния технолóгий.

Глáвным направлéнием граждáнского строúтельства явля́ется жилúщное строúтельст-во. Обеспéчение населéния кáчественным жильём—однá из глáвных правúтельственных задáч. Ориентúруясь на решéние э́той задáчи, субъéкты РФ формирýют градостроúтель-ную полúтику. Э́ти дéйствия постепéнно даю́т результáт: объёмы возводúмого жилья́ растýт.

Перспектúвы развúтия граждáнского строúтельства в Россúи свя́заны с общеэконо-мúческой ситуáцией в странé и региóнах. Строúтельство объéктов граждáнского предназ-начéния: жилы́х домóв, торгóвых цéнтров, спортúвных площáдок, стадиóнов, образо-вáтельных учреждéний, больнúц, музéев, тéатров—непосрéдственно свя́зано с благосос-тоя́нием людéй. Развúтие э́той óтрасли—глáвный индикáтор кáчества жúзни населéния страны́.

┌─────────────────┐
│ **Нóвые словá** │
└─────────────────┘

граждáнский	民用的;公民的
строúтельство	建筑;建筑工程;建设
капитáльный	基本的,主要的
возведéние	修建,建造
объéкт	设施,工程;对象,目标;客体

сфе́ра	范围,领域
жило́й	住人的,用于居住的
администрати́вный	行政的,行政机关的
жили́щно-коммуна́льный	公用住宅的
обще́ственный	公共的,公众的;社会的
пита́ние	饮食,餐饮
отлича́ться/отличи́ться	有……特点,特点是……;与……不同,区别是
материа́л	材料
констру́кция	结构
техноло́гия	技术,工艺
жили́щный	住宅的,住房的
ориенти́роваться	以……为目标,以……为出发点;判定方位,确定方向
субъе́кт	主体
формирова́ть/сформирова́ть	形成,组成
градострои́тельный	城市建设的,城市规划的
поли́тика	政策;政治
объём	数量;规模;容积
свя́зывать/связа́ть	把……联系起来
ситуа́ция	情况,形势,局势
образова́тельный	教育的
учрежде́ние	机构,机关
индика́тор	指标

Зада́ния к те́ксту

1. Отве́тьте на вопро́сы.

(1) Что тако́е гражда́нское строи́тельство?

(2) Чем отлича́ется гражда́нское строи́тельство?

(3) Что явля́ется гла́вным направле́нием гражда́нского строи́тельства?

(4) С чем свя́заны перспекти́вы разви́тия гражда́нского строи́тельства в Росси́и?

(5) Како́в гла́вный индика́тор ка́чества жи́зни населе́ния Росси́и?

2. Переведи́те сле́дующие словосочета́ния на ру́сский язы́к.

(1) 土木工程

(2) 基本建设

(3) 非生产领域

(4) 行政楼

(5) 体育建筑

（6）革新工艺

（7）高质量的住房

（8）城市建设政策

（9）教育机构

（10）主要指标

3. Переведи́те сле́дующие словосочета́ния на кита́йский язы́к.

（1）жили́щно-коммуна́льная сфе́ра

（2）обще́ственное пита́ние

（3）таки́м о́бразом

（4）гла́вное направле́ние

（5）жили́щное строи́тельство

（6）объёмы жилья́

（7）перспекти́вы разви́тия

（8）общеэкономи́ческая ситуа́ция

（9）гражда́нское предназначе́ние

（10）торго́вый центр

ТЕКСТ 2   ИСТО́РИЯ ГРАЖДА́НСКОГО СТРОИ́ТЕЛЬСТВА

Гражда́нское строи́тельство подразумева́ет плани́рование, проекти́рование и возведе́ние разли́чных сооруже́ний и зда́ний: от огро́мных плоти́н и до высокоэта́жных постро́ек, от подвесны́х мосто́в и до буровы́х платфо́рм (все э́ти объе́кты явля́ются результа́том гражда́нского строи́тельства).

Ещё со времён Древнери́мской импе́рии гражда́нское строи́тельство бы́ло приме́ром внедре́ния передовы́х обще́ственных достиже́ний. Исто́рия его́ возникнове́ния неразры́вно свя́зана с разви́тием таки́х нау́к, как матема́тика, фи́зика и меха́ника. На протяже́нии средневеко́вой исто́рии строи́тельство и проекти́рование вело́сь преиму́щественно таки́ми ма́стерами, как пло́тники и ка́менщики, кото́рые в си́лу своего́ о́пыта станови́лись руководи́телями да́нных проце́ссов. Э́ти зна́ния сохраня́лись в профессиона́льных ги́льдиях. Ра́нним приме́ром нау́чного подхо́да к математи́ческим и физи́ческим пробле́мам гражда́нского строи́тельства явля́ется труд Архиме́да, кото́рый был напи́сан в III столе́тии до на́шей э́ры. В нём содержа́лись нау́чные сведе́ния (расчёт плаву́чести и практи́ческие реше́ния Архиме́дова ви́нта). Суще́ственный вклад в разви́тие гражда́нского строи́тельства сде́лал ещё оди́н учёный дре́вности—Брахма́гупта, инди́йский матема́тик VII столе́тия на́шей э́ры, разрабо́тавший ме́тоды расчёта сло́жных пло́щадей и не́которые тригонометри́ческие фу́нкции, кото́рые необходи́мы в проекти́ровании.

Нóвые словá

подразумевáть	意思是,指的是
плани́рование	规划,计划
сооруже́ние	构筑物,建筑物,设施
здáние	建筑物,楼房
огрóмный	巨大的,极大的
плоти́на	坝,水坝
высокоэтáжный	高层的
пострóйка	建造;建筑物
подвеснóй	悬挂的,吊挂的
мост	桥
буровóй	钻井的,钻探的,钻孔的
платфóрма	平台,框架;平板车
достиже́ние	成就,成绩,成果
на протяже́нии чего	在……期间内
води́ться	有
в си́лу чегó	由于,因为
óпыт	经验;实验,试验
сохраня́ться/сохрани́ться	保存下来,保留下来
содержáться	包含,含有;处在(某种状态);放置,保存(在某处)
расчёт	计算,核算;结算,清算
плаву́честь	浮力(阴)
суще́ственный	极重要的,本质上的,实质的
вклад	贡献;存款
плóщадь	区域;面积;广场(阴)
тригонометри́ческий	三角的
фу́нкция	函数

Задáния к те́ксту

1. Отве́тьте на вопрóсы.

(1) Что подразумевáет граждáнское строи́тельство?

(2) С какóго вре́мени граждáнское строи́тельство явля́ется приме́ром внедре́ния передовы́х обще́ственных достиже́ний?

(3) С чем свя́зана истóрия возникнове́ния граждáнского строи́тельства?

(4) Кем велóсь строи́тельство и проекти́рование на протяже́нии средневекóвой истó-

рии?

(5) Что является рáнним примéром наýчного подхóда к математи́ческим и физи́ческим проблéмам граждáнского строи́тельства?

2. Переведи́те слéдующие словосочетáния на рýсский язы́к.

(1) 不同的构筑物和建筑物

(2) 高层建筑

(3) 社会成就

(4) 建筑和设计

(5) 科学方法

(6) 重要贡献

(7) 计算方法

(8) 复杂区域

3. Переведи́те слéдующие словосочетáния на китáйский язы́к.

(1) огрóмные плоти́ны

(2) подвесны́е мосты́

(3) буровы́е платфóрмы

(4) истóрия возникновéния

(5) на протяжéнии

(6) профессионáльные ги́льдии

(7) расчёт плавýчести

(8) практи́ческие решéния

(9) тригонометри́ческие фýнкции

ТЕКСТ 3　АКТУÁЛЬНОСТЬ ГРАЖДÁНСКОГО СТРОИ́ТЕЛЬСТВА

Граждáнское строи́тельство является творцóм всегó ми́ра инфраструктýры. Таки́е структýры, как туннéли, дáмбы, канализáции, мосты́, автомоби́льные дорóги, канáлы, промы́шленные предприя́тия, жилы́е здáния, железнодорóжные пути́, аэропóрты и так дáлее—все они́ подхóдят под категóрию граждáнского строи́тельства. Крóме тогó, по мéре увеличéния населéния ми́ра технолóгии станóвятся всё бóлее продви́нутыми и необходи́мость улучшéния инфраструктýры растёт по всемý ми́ру. Граждáнское строи́тельство слýжит по-прéжнему для удовлетворéния э́тих потрéбностей во всех областя́х и аспéктах жи́зни человéка.

Необходи́мость разви́тия инфраструктýры растёт в кáждом сéкторе. Для тогó чтóбы сконцентри́роваться и эффекти́вно управля́ть процéссом строи́тельства в кáждом сéкторе, óбласти граждáнского строи́тельства бы́ли разделены́ на разли́чные субдисципли́ны. Это означáет, что на основáнии зая́вок потóк граждáнского строи́тельства был разделён на нéсколько ветвéй, чтóбы сдéлать процéсс строи́тельства бóлее просты́м и управля́емым. Нéкоторые из основны́х óтраслей граждáнского строи́тельства—это мостострое́ ние, машиностроéние, стройтельство, инженéрно-геологúческая, эколого-технологúческая, трáнспортное машиностроéние, геодéзия и другúе.

Такúм óбразом, граждáнское стройтельство—э́то создáние надёжных констру́кций с гарáнтией долговéчности. Крóме того́, с повышéнием осведомлённости в отношéнии возобновля́емых истóчников энéргии тáкже вы́росло их применéние в граждáнском стройтельстве. Для сохранéния прирóдной среды́ от всех расту́щих промы́шленных произвóдств была́ сóздана систéмная защи́та, именуéмая инженéрной экологией. Нéкоторые из э́тих приложéний включа́ют разли́чные мéтоды для очи́стки загрязнённого вóздуха и воды́, использование сóлнечной энéргии, генери́рование прéсных вод, использование вóдной и ветровóй энéргии и защи́ты морскóй среды́.

Граждáнское стройтельство станóвится всё бóлее и бóлее разнообрáзным с увеличéнием числа́ приложéний, а руководя́щие при́нципы построéния структу́р станóвятся всё бóлее стрóгими, акценти́руя такúе вопрóсы, как безопáсность человéка и предотвращéние прирóдных и техногéнных катастрóф.

┌─────────────┐
│ **Нóвые словá** │
└─────────────┘

актуáльность	现实性,现实意义;迫切性(阴)
инфраструкту́ра	基础设施,基础建设
структу́ра	结构;构造;组织;机构
туннéль	隧道(阳)
дáмба	堤,堤坝
канализáция	排水工程,下水道,排水设备
автомоби́льный	汽车的
канáл	运河,水渠;管道,通道;途径,手段
промы́шленный	工业的
железнодорóжный	铁路的
путь	路,道路(阳)
подходи́ть/подойти́	走近,走到;开始,着手;对待;适合,合适
категóрия	种类,类别,范畴
расти́	增长,增加;生长,成长,长大
служи́ть	为……服务,为……工作;任职,供职;用作,当作,用途为……
потрéбность	需求,需要(阴)
сéктор	部门,部分;部,局,科,处
на основáнии чего	根据……,以……为依据
мостостроéние	桥梁建筑,桥梁建设

машинострое́ние	机器制造
инжене́рно-геологи́ческий	工程地质的
эко́лого-технологи́ческий	生态工艺的
геоде́зия	大地测量学
долгове́чность	耐用性,耐久性;工作寿命,长久性(阴)
в отноше́нии чего́	对于,关于……
исто́чник	来源,根源,源泉
эне́ргия	能,能源,能量
приро́дный	自然的
среда́	环境;界;介质
произво́дство	生产,制造
загрязнённый	被污染的
генери́рование	发电;发生,产生,振荡
число́	数,数量;日,号
при́нцип	原则,原理;准则
безопа́сность	安全,安全性(阴)

Зада́ния к те́ксту

1. Отве́тьте на вопро́сы.

（1）Что явля́ется творцо́м всего́ ми́ра инфраструкту́ры?

（2）Что подхо́дит под катего́рию гражда́нского строи́тельства?

（3）Назови́те основны́е о́трасли гражда́нского строи́тельства.

（4）Что бы́ло со́здано для сохране́ния приро́дной среды́ от расту́щих промы́шлен-ных произво́дств?

（5）Каки́м стано́вится гражда́нское строи́тельство с увеличе́нием числа́ приложе́ний?

2. Переведи́те сле́дующие словосочета́ния на ру́сский язы́к.

（1）公路

（2）除此之外

（3）完善基础设施

（4）满足需求

（5）施工流程

（6）结构牢固

（7）可再生资源

（8）自然环境

（9）工业生产

（10）太阳能

3. Переведи́те сле́дующие словосочета́ния на кита́йский язы́к.

(1) жилы́е зда́ния

(2) железнодоро́жные пути́

(3) увеличе́ние населе́ния

(4) на основа́нии

(5) основны́е о́трасли

(6) гара́нтия долгове́чности

(7) инжене́рная эколо́гия

(8) пре́сные во́ды

(9) построе́ние структу́р

ТЕКСТ 4　ГРАЖДА́НСКОЕ И ПРОМЫ́ШЛЕННОЕ СТРОИ́ТЕЛЬСТВО

В совреме́нном ми́ре осо́бой популя́рностью по́льзуется гражда́нское и промы́шленное строи́тельство. Мно́гие лю́ди не зна́ют, чем отлича́ются э́ти два поня́тия, поэ́тому их сле́дует рассмотре́ть бо́лее подро́бно. Огро́мное коли́чество компа́ний предлага́ет соотве́тствующие услу́ги. Одна́ко сто́ит проверя́ть их на нали́чие разреше́ния и о́пыта специали́стов для проведе́ния соотве́тствующих рабо́т. В основно́м зака́зчику предлага́ют сле́дующие услу́ги: созда́ние грамо́тного те́хнико-экономи́ческого обоснова́ния, соста́вленного профессиона́лом; составле́ние прое́кта по строи́тельству объе́кта; выполне́ние предусмо́тренных строи́тельно-монта́жных рабо́т; выполне́ние вво́да объе́кта в эксплуата́цию. Пре́жде чем воспо́льзоваться да́нными услу́гами, сто́ит определи́ть, что тако́е гражда́нское и промы́шленное строи́тельство.

Гражда́нское строи́тельство представля́ет собо́й о́трасль строи́тельства, кото́рая специализи́руется на сооруже́нии разли́чных объе́ктов непроизво́дственной фо́рмы эконо́мики. К таковы́м мо́жно отнести́ уче́бные заведе́ния, библиоте́ки, теа́тры, медици́нские учрежде́ния, спорти́вные сооруже́ния, жилы́е дома́ и зда́ния администрати́вного назначе́ния. Гражда́нское и промы́шленное строи́тельство име́ют весо́мое социа́льное значе́ние. Одна́ко в пе́рвом слу́чае обеспе́чивается улучше́ние ка́чества усло́вий жи́зни гражда́н. Его́ гла́вной отличи́тельной черто́й явля́ется ко́мплексность. Возведе́ние жилы́х домо́в при э́том сочета́ется с реше́нием градострои́тельных пробле́м в о́бласти организа́ции сете́й учрежде́ний культу́ры, здравоохране́ния и благоустро́йства.

На сего́дняшний день одни́м из перспекти́вных направле́ний мо́жно назва́ть сооруже́ние зда́ний комме́рческого ти́па. Доста́точно востре́бованы в на́ше вре́мя сре́дние и ма́лые о́фисные це́нтры. В основно́м да́нные зда́ния представля́ют собо́й объе́кты, кото́рые произво́дятся с примене́нием совреме́нных материа́лов, обору́дования и техноло́гий. Как мо́жно поня́ть, гражда́нское строи́тельство действи́тельно прино́сит по́льзу всему́ населе́нию страны́.

Промы́шленное строи́тельство представля́ет собо́й вид строи́тельства и́ли реставра́-

цию объе́ктов, кото́рые име́ют прямо́е отноше́ние к промы́шленной и́ли произво́дственной де́ятельности. Гражда́нское и промы́шленное строи́тельство име́ют не́которые схо́дства. Одна́ко зада́ча рассма́триваемого ви́да заключа́ется в проведе́нии по́лного ко́мплекса строи́тельных и монта́жных рабо́т. Их це́лью явля́ется обеспе́чение вво́да в эксплуата́цию и́ли реконстру́кцию уже́ существу́ющих предприя́тий. Гражда́нское и промы́шленное строи́тельство име́ют одно́ суще́ственное отли́чие, кото́рое состои́т в том, что объе́кты второ́го ти́па спосо́бны облада́ть разли́чным назначе́нием. К тому́ же промы́шленное строи́тельство в по́лном объёме учи́тывает все тре́бования к сооружа́емому объе́кту. При э́том им име́ют возмо́жность занима́ться лишь сертифици́рованные фи́рмы, специали́сты кото́рых облада́ют соотве́тствующим о́пытом.

Произво́дственный ко́мплекс представля́ет собо́й сеть предприя́тий, кото́рые объединены́ ме́жду собо́й еди́ным технологи́ческим проце́ссом. Кро́ме того́, они́ функциони́руют для обеспе́чения получе́ния компа́нией максима́льных экономи́ческих результа́тов. Основны́ми элеме́нтами произво́дственного ко́мплекса явля́ются соотве́тствующие корпуса́. Та́кже в соста́в мо́гут входи́ть администрати́вные зда́ния и складски́е помеще́ния. Произво́дственный ко́мплекс мо́жет включа́ть в себя́ объе́кты инфраструкту́ры. И́ми выступа́ют насо́сные ста́нции, коте́льные, электри́ческие подста́нции, а та́кже специа́льно обору́дованные помеще́ния для о́тдыха рабо́тников. Произво́дственные ко́мплексы отно́сятся к катего́рии промы́шленного строи́тельства. С учётом их характери́стики мо́жно сде́лать вы́вод, что они́ действи́тельно не мо́гут сооружа́ться обыкнове́нной брига́дой рабо́тников. Для э́того необходи́мы квалифици́рованные специали́сты с больши́м о́пытом рабо́ты в да́нной о́трасли.

Но́вые слова́

популя́рность	流行,受欢迎,通俗性(阴)
по́льзоваться / воспо́льзоваться	享有,受到;使用,运用
сле́довать / после́довать	应该,应当;跟随,跟着
коли́чество	量,数量
предлага́ть / предложи́ть	提供,给;提议,建议
услу́га	服务,效劳;设施,设备(常用复数)
разреше́ние	许可,许可证;解决,解答
созда́ние	创造,建立;建造,制造
обоснова́ние	论证,论据,根据,理由
прое́кт	方案,设计;项目
строи́тельно-монта́жный	建筑安装的
эксплуата́ция	运行,运转,使用,经营;开发,开采

пре́жде чем	之前,在……以前
определя́ть/определи́ть	确定,断定;下定义;决定
представля́ть/предста́вить	是;想象;提出,提交
сооруже́ние	建筑,建造;建筑物,设施
фо́рма	形式,方式,形状,外形
относи́ть/отнести́	列入,归于,属于
назначе́ние	用途,功用
обеспе́чиваться	保证,保障
ка́чество	质量,品质
черта́	特点,特征
компле́ктность	成套性,完整性(阴)
сочета́ться	相结合,结合起来
тип	类型,形式
производи́ться/произвести́сь	进行,组织;生产,制造
обору́дование	设备,装置,设施
реставра́ция	修复,修补,恢复
отноше́ние	关系,关联;对待,看待;态度
де́ятельность	活动,业务,工作(阴)
заключа́ться	是,在于;包含,含有
ко́мплекс	综合体,复合体,全套
реконстру́кция	改造,改建
состоя́ть	在于,是;由……组成,构成
облада́ть	有,具有,拥有
учи́тывать/уче́сть	考虑到,注意到;核算,统计
тре́бование	要求,需要;标准,规则
объединя́ть/объедини́ть	联结,联合,统一
технологи́ческий	工艺的
проце́сс	流程,工序;过程,程序
функциони́ровать	起作用,发挥职能;工作,动作
складско́й	仓库的,库房的
помеще́ние	房间,房屋,室
с учётом чего́	考虑到,顾及到
характери́стика	特征,特性
сооружа́ться/сооруди́ться	建筑,修建,建造
квалифици́рованный	技能熟练的,有经验的,需要专业技能的

Зада́ния к те́ксту

1. Отве́тьте на вопро́сы.

(1) Что тако́е гражда́нское строи́тельство?

(2) Что обеспе́чивается при гражда́нском строи́тельстве?

(3) Что тако́е промы́шленное строи́тельство?

(4) В чём состои́т суще́ственное отли́чие ме́жду гражда́нским и промы́шленным строи́тельством?

(5) Что представля́ет собо́й произво́дственный ко́мплекс?

2. Переведи́те сле́дующие словосочета́ния на ру́сский язы́к.

(1) 工业建设

(2) 具备许可

(3) 项目建设

(4) 建筑安装工程

(5) 非生产形式

(6) 提高质量

(7) 现代材料

(8) 不同的用途

(9) 工艺流程

(10) 丰富的经验

3. Переведи́те сле́дующие словосочета́ния на кита́йский язы́к.

(1) соотве́тствующие услу́ги

(2) те́хнико-экономи́ческое обоснова́ние

(3) составле́ние прое́кта

(4) ввод в эксплуата́цию

(5) отличи́тельная черта́

(6) приноси́ть по́льзу

(7) реставра́ция объе́ктов

(8) произво́дственная де́ятельность

(9) произво́дственный ко́мплекс

(10) складски́е помеще́ния

СЛОВА́РЬ 1

А

а́вторское кино́	作者电影
алма́з	钻石
арте́ль	组合(阴)
ассоции́ровать	关联

Б

ба́шня	塔架
безупре́чность	完美(阴)
би́тва	战斗
благоро́дство	高尚,高雅
блестя́щий	闪闪发光的
бреве́нчатый	木制的
бревно́	原木
бу́рый медве́дь	棕熊

В

вал	围墙
варьи́роваться	变化
великоду́шие	宽宏大量
ве́рность	忠诚(阴)
ветвь	分支(阴)
виртуо́з	音乐家,大师
внеза́пно	突然地
вну́тренняя и вне́шняя поли́тика	国内外政策
водопрово́д	水管

возведе́ние	修建,建造
возвыше́ние	高处,高地
волокно́	纤维
вообража́емый	想象中的
ворва́ться	闯入
восприя́тие	感知
восста́ние	起义
впи́тывание	吸收
враг	敌人
вса́дник	骑手
вулка́н	火山
выно́сливый	坚韧的,刻苦耐劳的
вы́шивка	刺绣

Г

газ	天然气
гармо́ния	和谐
гвоздь	钉子(阳)
герб	徽章
геро́й	英雄
гимн	国歌
голосова́ние	投票
го́рдость	骄傲(阴)
гражда́нская война́	国内战争
грандио́зный	宏伟的
грани́ца	国界,边界
грани́чить	同……交界,毗邻,接壤

Д

дань	贡赋(阴)
декабри́ст	十二月党人
депута́т	代表;议员
держа́ва	权力

дéрзость	粗鲁,无礼（阴）
дернóвый	草皮的
джаз	爵士乐
динáстия	王朝
дирижёр	指挥
доказáтельство	证明
достоя́ние	财产,财富,所有物
дощéчка	小木板
дрáма	戏剧
драматýрг	剧作家
дýма	议会

Е

естéственный	自然的

Ж

жанр	类型,体裁
железнодорóжная магистрáль = желéзная дорóга	铁路线
жест	手势
жестикули́рование	做手势（名）
жестикули́ровать	做手势（动）
животновóдство	畜牧业

З

задавáться вопрóсом	提出问题
законодáтельная власть	立法权
запечатлéть	记录下来,描绘出
земледéлие	耕作
зóдчество	建筑
зóлото	黄金

И

избá	小木屋
избирáтельное прáво	选举权
изгнáние	流放
издрéвле	自古以来
изобретáтель	发明家(阳)
имперáтор	皇帝
импéрия	帝国
исполнúтель	表演者,演唱者(阳)
исполнúтельная власть	行政权

К

кардинáльно	从根本上说
квадрáтный киломéтр	平方公里
киноискýсство	电影艺术
кладовáя	储藏室
классицúзм	古典主义
класcúческая литератýра	古典文学
княжество	公国
князь	(封建时代的)公,大公(阳)
конститýция	宪法
континентáльный	大陆的
копьё	矛
кóрень	根(阳)
корóна	王冠
коронáция	加冕礼
костяк	骨架;骨干,基础
крепостнóе прáво	农奴制
крéпость	堡垒(阴)
крúзис	危机
крóвля	房顶
крыльцó	门廊

Л

литературове́д	文学评论家
лице́й	贵族学校
ли́чность	个性(阴)
лиша́ть	剥夺,夺去
ло́коть	肘部(阳)

М

ма́ссовое кино́	大众电影
матери́нский капита́л	生育资本
ме́лос	旋律因素
месторожде́ние	矿产地
мирова́я сла́ва	世界名望
мифоло́гия	神话
многонациона́льный	多民族的
модерни́зм	现代主义
мо́дный	时尚的
мости́ть	铺设
мостова́я	马路;路面
мра́чный	阴沉的
му́жество	英勇
мыс	海角
мю́зикл	音乐片

Н

наде́жда	希望
надоеда́ть	使厌烦
наизу́сть	背熟,记熟
населе́ние	人口
насыпно́й	散装的
наше́ствие	入侵,侵犯

недово́льный	不满意的
недоразуме́ние	误解
неи́скренность	不真诚(阴)
неотъе́млемый	不可剥夺的
непринуждённый	毫不拘束的
нефть	石油(阴)
ни́зменность	低地(阴)
нова́торство	创新
номини́ровать	提名……获奖

О

обая́ние	魅力
обита́ть	居住
обнару́жить	发现
оборо́нный	防御的
обрести́（что?）изве́стность	获得名声
обтёсанный	削平的
о́бщество	社会
объедини́тель	统一者(阳)
огражде́ние	栅栏
одобре́ние	称赞
олицетворя́ть（＝символизи́ровать）	象征
омыва́ть	(江河、海洋)濒临
опера́тор	操作员
опу́щенный взгляд	垂下的目光
о́рган	机构
остро́г	监狱
остроу́мный	机智的
отводи́ть взгляд	把目光移开
открове́нность	坦率(阴)

П

пала́та	某些国家的议院

парла́мент	议会
перейти́ на дру́жескую но́гу	转入友好状态
переселе́ние	迁移,移居
печа́ль	悲伤(阴)
печь	炉子,火炉(阴)
пила́	锯
пла́тина	铂金
плодоро́дная по́чва	肥沃的土壤
пло́тность населе́ния	人口密度
пло́щадь	面积(阴)
повседне́вный	每天的
поддра́знивание	戏弄
подразумева́ть	意思是,指的是
подчиня́ться（кому́?）	服从
пожима́ть плеча́ми	耸耸肩
пока́з	展示;演出
покрови́тель	庇护者(阳)
поле́зные ископа́емые	矿产
полномо́чие	权力,权能
поло́тнище	(布匹的)幅
по́лчище	游牧部落
попере́чный	横向的
популя́ция	种群
поро́к	缺点
посёлок городско́го ти́па	城市居住区
посло́вица	谚语
пото́мок	后代
по́чва	土壤
поэ́ма	史诗
предназначе́ние	用途,作用
пре́док	祖先
председа́тель	主席(阳)
пре́мия	奖项
премье́ра	首映
пре́сный	淡的;淡水的

приве́тствовать	迎接
прикоснове́ние	接触
примити́вный	简单粗糙的
приро́дный ресу́рс	自然资源
про́за	散文
произведе́ние	作品
про́мысел	行业；手艺
промы́шленность	工业（阴）
просла́виться	成名
противопоставля́ться	对抗；比较
протяжённость	长度（阴）
про́чный	耐用的
пу́блика	公众；观众
публи́чный	公众的；公开的
пучо́к	束
пье́са	剧本

Р

рабо́чий	工人
равни́на	平原
равноме́рно	均匀地
раско́пка	发掘
распа́д	衰变
распа́сться	分解，瓦解
располо́женный	位于（常用短尾）
расщепля́ть	劈裂
рвать	撕
револю́ция	革命
режиссёр	导演
резьба́	雕刻
реме́сленник	工匠
реме́сленничество	从事手工业；手艺
рефо́рма	改革
речитати́в	（歌剧中的）宣叙调

ров	沟,壕
род	属
романти́зм	浪漫主义
ру́ды цветны́х мета́ллов	有色金属矿石
рукопожа́тие	握手

C

свод	汇编
сде́ржанность	克制(阴)
село́	乡村
се́льский жи́тель	乡村居民
се́льское хозя́йство	农业
се́ни	门厅,穿堂
си́мвол	符号
симпа́тия	同情
симфо́ния	交响曲
синхро́нный	同步的
ска́зка	童话
ска́зочный	神奇的
скры́тность	不坦率(阴)
славяни́н	斯拉夫人
сло́вно	好像
служе́бная обя́занность	公职,职务
сме́лость	勇气(阴)
смина́ть	揉皱;压碎
сму́тный	模糊的
снабжа́ть	供应
сноп	捆
совреме́нник	同时代的人
сокраща́ться	缩减
соло́ма	稻草
специфи́ческий	特殊的
сруб	木架
ста́вень	护窗板(阳)

старе́йшина	首领
стиль	风格（阳）
стыдли́вость	羞怯，害羞（阴）
суро́вый	严峻的；严寒的
сюже́т	情节

Т

таи́нственный	神秘的
темпера́мент	气质
тёс	薄（木）板
толера́нтность	宽容（阴）
топо́р	斧头
тоска́	忧愁
трансли́роваться	广播
трудоёмкий	吃力的，繁重的

У

у́голь	煤炭（阳）
удово́льствие	快乐
укрепле́ние	加固
уме́ренный	适中的
умести́ться	容纳下

Ф

фальце́т	假声
феода́льная раздро́бленность	封建割剧
филосо́фский	哲学的
фильм по моти́вам...	电影基于……
флаг	旗
фоногра́мма	原声带
фортификацио́нный	筑城的；防御的

X

хип-хо́п	说唱乐,嘻哈音乐
хит	最流行歌曲
ходи́ть по́д руку	手挽手走路
хоро́мы	木房,大房子
хребе́т	山脉

Ц

ца́рственность	威严,雄伟(阴)
ца́рство	王国
цветно́й фильм	彩色胶片
цветова́я га́мма	色谱
целому́дрие	纯洁
це́лостность	完整性(阴)
цензу́ра	检查制度
церемо́ния	仪式

Ч

часово́й по́яс	时区
часту́шка	四句头(俄罗斯民间短歌)
черда́к	阁楼
че́стность	诚实(阴)
чешуя́	鳞片

Ш

шансо́н	尚松(法国声乐体裁)

Щ

щит	盾

Э

экраниза́ция	改编成电影
эксперимента́тор	实验者
экспериментировать	实验
энциклопе́дия	百科全书
эпо́ха	时代
эстети́ческий	美学的
эстра́да	舞台
э́тнос	民族，民族共同体

Я

я́рко вы́раженный	表现很明显的

СЛОВА́РЬ 2

А

авиала́йнер	大型客机
автома́т	自动装置, 自动机(器)
автоматиза́ция	自动化
автомоби́ль	汽车(阳)
автомоби́льный	汽车的
автомоти́ческий	自动化的
а́вторское пра́во	版权, 著作权
адеква́тность	符合性(阴)
администрати́вный	行政的, 行政机关的
актуа́льность	现实性, 现实意义; 迫切性(阴)
анализи́ровать	分析
а́нкерный	锚的, 锚定的
анте́нно-фи́дерный	天线馈线的
армату́ра	配件; 电枢; 灯具; 钢筋
ассортиме́нт	种类
а́томный	原子的
аэродинами́ческий	空气动力的

Б

бази́роваться на чём	基于
безопа́сность	安全, 安全性(阴)
биотехноло́гия	生物工程学, 生物工艺学; 生物技术
бли́зость	临近, 接近(阴)
бурово́й	钻井的, 钻探的, 钻孔的
бытова́я те́хника	家电

B

в отноше́нии чего́	对于,关于……
в свою́ о́чередь	首先
в си́лу чего́	由于,因为
в це́лом	整体上
вводи́ть / ввести́ во что	引入
ветрово́й	防风的;风的
взаимоде́йствие	相互配合,相互作用
взаимозави́симость	相互依存(阴)
взаимосвя́зь	相互关系(阴)
вид	外貌;种类;形式
ви́димость	能见度,可见度(阴)
вклад	贡献;存款
включа́ть / включи́ть	包括
влия́ние	影响
внедре́ние	推行,推广
внедря́ть / внедри́ть	采用,运用;推广,引入
вне́шний вид	外观
вне́шняя среда́	外部环境
води́ться	有
возведе́ние	修建,建造
возде́йствие	作用,影响
возду́шный	空中的
возникнове́ние	出现
воплоще́ние	体现,反映
восприма́ть / воспри́нять	接受,理解
восприя́тие	感知,理解
восстановле́ние	恢复,还原
всле́дствие	因为,由于
вспомога́тельный	辅助的,备用的,补充的
встра́иваемый	内置式的,嵌入式的
входи́ть / войти́ во что	包括在……之内;进入
выполня́ть / вы́полнить	履行,完成

высокотехнологи́чный	高科技的
высокоэта́жный	高层的
высокоэффекти́вный	高效率的
выходна́я мо́щность	输出功率
вычисли́тельный	计算的

Г

габари́т	轮廓;隔距
газ	气体,气
гармо́ния	和谐,协调
генера́ция	发生,产生
генери́рование	发生,产生;振荡
геоде́зия	大地测量学
ги́бкий	柔韧的,灵活的
гидравли́ческий	水力的,水压的,液压的
гидродина́мика	流体动力学,水动力学
глубо́кий	深刻的;深的
горизонта́льный	水平的,横向的
градострои́тельный	城市建设的,城市规划的
гражда́нский	民用的;公民的
гра́фика	图表,图形;进度表,计划表

Д

давле́ние	压力
да́мба	堤,堤坝
да́нные	[复]数据
да́нный	该,此
дви́гатель	发动机(阳)
деревя́нный	木质的,木头的
деформи́рование	变形作用,变形
де́ятельность	活动,业务,工作(阴)
диапазо́н	范围,领域,区域
диза́йн-проекти́рование	规划设计

динами́ческий	动力的,动力学的
дисципли́на	学科
дифференциа́ция	分化
довести́/доводи́ть до чего́	使……达到,使……进行到
догово́рный	合同的
документа́ция	文件,资料
долгове́чность	耐用性,耐久性;工作寿命,长久性(阴)
долгове́чный	耐久的,坚固耐用的;长久的,永恒的;长寿的
до́лжность	职位(阴)
дома́шняя у́тварь	家庭用具
дораба́тывать/дорабо́тать	做完;补充加工;修正
достиже́ние	成就,成绩,成果

Ё

ёмкий	广泛的

Ж

жа́ждать	渴望
железнодоро́жный	铁路的
железобето́нный	钢筋混凝土的;理智的,稳重的
жёсткость	硬性,硬度;稳定性(阴)
живопи́сный	写生画的
жи́дкость	液体,流体(阴)
жизнеде́ятельность	生命活动;活动,工作(阴)
жили́щно-коммуна́льный	公用住宅的
жили́щный	住宅的,住房的
жило́й	住人的,用于居住的

З

загото́вка	毛坯,坯件;半成品
загрязнённый	被污染的

заключа́ться	是,在于;包含,含有
закономе́рность	规律性(阴)
закрепле́ние	巩固
занима́ть/заня́ть	占据
заставля́ть/заста́вить	迫使
затра́та	成本
защи́та	保护
зда́ние	建筑物,楼房
знак	信号,符号
знако́мить/познако́мить	介绍
зри́тельный	视觉的

И

иерархи́ческий	分层的
изготовля́ть/изгото́вить	制造,制作
изде́лие	产品
излуче́ние	辐射
изображе́ние	图像
изоли́ровать	隔离;绝缘
инвента́рь	用具,器材(阳)
индика́тор	指标
индустриа́льный	工业的
инжене́рно-геологи́ческий	工程地质的
интере́с	利益(常用复数)
интерфе́йс	界面,接口
интерье́р	室内装修
информа́тика	信息技术;信息学
информацио́нный	信息的
инфраструкту́ра	基础设施,基础建设
искажа́ть/искази́ть	歪曲
исключи́тельно	主要地;例外
иску́сство	艺术
испо́льзование	运用
испо́льзоваться	应用

испыта́ние	测试, 试验
иссле́дование	研究
иссле́довать	研究, 考察
исто́чник	来源, 根源, 源泉

К

ка́бель	电缆 (阳)
кана́л	运河, 水渠; 管道, 通道; 途径, 手段
кана́л свя́зи	通信波道
канализа́ция	排水工程, 下水道, 排水设备
капита́льный	基本的, 主要的
каре́тка	滑架; 托架
катало́г	目录
катего́рия	种类, 类别, 范畴
ка́чество	质量, 品质
квалифици́рованный	技能熟练的, 有经验的, 需要专业技能的
классифика́ция	分类
класси́ческий	古典的
клие́нт	客户
ко́вка	锻造, 锻件
когнити́вный	认知的
ко́лер	色调, 色彩
коли́чество	量, 数量
коллекти́в	团体
комме́рческий	商业的, 商用的
компоно́вка	布置, 配置
компоно́вочный	布置的, 布局的, 配置的; 组成的, 构成的
компоте́нтность	权威性 (阴)
ко́мплекс	综合体, 复合体, 全套
компле́ктность	成套性, 完整性 (阴)
композицио́нный	构图的
компози́ция	构图
конати́вный	意动的
кони́ческий	圆锥的, 锥形的

конкурентоспосо́бность	竞争力(阴)
консо́льный	张臂的,悬臂的,外伸的
конструкцио́нный	结构的,构造的
констру́кция	结构
конта́ктный	接触的
контро́ллер	控制器
концентра́ция	集中
концентри́рованный	集中的;浓的,高浓度的
конце́пт	概念
корро́зия	腐蚀,锈蚀
косми́ческий	宇宙的;航天的;无限的,广泛的
кра́ска	颜料
кругооборо́т	循环,周转
кузне́чно-штампо́вочный	锻造－冲压的
курс	课程

Л

листово́й	板形的
логи́ческий	逻辑的

М

ма́лый	小的,小型的
марке́тинг	市场营销
материа́л	材料
материалове́дение	材料学
машинострое́ние	机器制造
машинострои́тельный	机械制造的
ме́бель	家具(阴)
медици́на	医学
ме́жду	(前,五格)在……中间
ме́неджмент	管理
мета́лл	金属
металли́ческий	金属的

ме́тод	方法
метроло́гия	计量学,度量衡学
меха́ника	力学,机械学
микроконтро́ллер	微型控制器
многостанцио́нный	多站的
мно́жество	多数
могу́щество	权力
модели́рование	模拟
моде́ль	模型(阴)
модернизи́ровать	使……现代化,改进
модуля́ция	调整,调制
монта́ж	安装,装配
мост	桥
мостостро́ение	桥梁建筑,桥梁建设
мо́щность	威力;功率(阴)
мультиплекси́рование	多路传输

Н

на осно́ве кого́-чего́	在……基础上;依据,根据
на протяже́нии чего	在……期间内
наблюда́ть	观察
надёжный	可靠的;牢固的,坚固的
надзо́р	监督,检查
назе́мный	地面上的
назначе́ние	用途,任务
накла́дываться	把……放在……上;重叠
наме́рение	意图
направля́ть/напра́вить	针对,指向
насти́л	铺板,面板
натяже́ние	拉紧;张力,拉力
натя́нутый	拉紧的;紧张的
наукоёмкий	技术密集型的
необходи́мый	必需的
непосре́дственно	直接地

носи́тель	载体(阳)
нужда́	需要
нужда́ться в чём	需要

O

обеспе́чиваться	保证,保障
облада́ть	有,具有,拥有
обме́н	交换
обору́дование	设备,装置,设施
обоснова́ние	论证,论据,根据,理由
обрабо́тка	加工,处理
образова́тельный	教育的
обслу́живание	服务;维护;设备
обще́ние	交流
обще́ственный	公共的,公众的;社会的
объединя́ть/объедини́ть	联结,联合,统一
объе́кт	设施,工程;对象,目标;客体
объём	数量;规模;容积
объёмный	体积的,立体的
ограниче́ние	限制
огро́мный	巨大的,极大的
опера́ция	工序,操作;手术
опи́сываться	记录,描述
определе́ние	确定
определя́ть/определи́ть	确定,断定;下定义;决定
оптима́льный	最佳的
оптимизи́ровать	使最佳化,使最优化
опто́вый	批发的
опуска́ние	下沉,下降
опуска́ть/опусти́ть	放下
о́пыт	经验;实验,试验
организа́ция	组织,机构
организо́вывать/организова́ть	组织,安排

ориенти́роваться	以……为目标、出发点;判定方位,确定方向
осва́ивать/ осво́ить	掌握,学会
освети́тельный	照明的
освое́ние	掌握
ослабля́ть/ осла́бить	衰弱,减弱
осно́ва	基本原理;基础
основно́й	主要的,基本的
осо́бенность	特点,特性(阴)
осо́бый	特殊的,特别的
осуществля́ться/ осуществи́ться	实行,实施
отключе́ние	断开,切断
отла́дка	调整,调试
отлича́ться/ отличи́ться	有……特点,特点是……;与……不同,区别是
относи́ть/ отнести́	列入,归于,属于
относи́ться к кому́-чему́	属于……,被列入……;与……有关系
отноше́ние	关系,关联;对待,看待;态度
отпу́гивание	吓跑,吓退
о́трасль	领域,行业,部门(阴)
отса́сывающий	吸取的,吸出的,抽出的
отслё́живаться	跟踪观察
отста́ивать/ отстоя́ть	维护
охва́тывать/ охвати́ть	包含
оце́нка	评价

П

панто́граф	集电弓;缩放仪
пате́нтное пра́во	专利权
перего́н	区间;转移
переда́ча	传输
перекрыва́ть/ перекры́ть	重新铺
переплести́	交织在一起
перехо́дный	过渡的;可通过的

перѝла	[复]栏杆,扶手
персона́л	工作人员
перспекти́вный	有前途的
пигме́нт	色素,色质
пирамида́льный	棱锥的,金字塔形的
пита́ние	饮食,餐饮
пита́ющий	供电的;供给的
ПК(персона́льный компью́тер)	个人电脑
плавле́ние	熔化,熔解,熔炼
плаву́честь	浮力(阴)
плани́рование	规划,计划
пласти́ческий	塑性的,可塑的
платфо́рма	平台,框架;平板车
плоти́на	坝,水坝
пло́щадь	区域;面积;广场(阴)
поведе́ние	行为举止
подавле́ние шу́мов	噪声抑制
подбо́р	选择
подвесно́й	悬挂的,吊挂的
подве́шивание	悬挂,吊挂
подко́с	撑杆,支柱
подразумева́ть	意思是,指的是
подста́нция	变电站,配电站
подхо́д	方法
подходи́ть/подойти́	走近,走到;开始,着手;对待;适合
подъём	上升
подъёмный	升降的,起重的
поле́зный	有效的,适用的
поли́тика	政策;政治
полномо́чие	权力
полу́ченный	所获得的
по́льзоваться/воспо́льзоваться	享有,受到;使用,运用
поме́ха	干扰
помеще́ние	房间,房屋,室
поми́мо кого́-чего́	除……以外;不管,不顾

понима́ние	理解,观点
поперёк	横着
попере́чина	横木,横梁
попере́чный	横向的,交叉的
популя́рность	流行,受欢迎,通俗性(阴)
посвяща́ть/посвяти́ть	使……专供……之用
поско́льку	既然,因为
посре́дник	经纪人;中间人
постро́йка	建造;建筑物
посу́да	器皿
потенциа́льный	潜在的
пото́к	流;水流;急流
потре́бность	需求,要求(阴)
пра́ктика	实践
практи́ческий	实用的,实践的
предвари́тельный	预先的,初步的
предваря́ющий	预先的
предлага́ть/предложи́ть	提供,给;提议,建议
предме́тный	物品的
предопределя́ть/предопредели́ть	预先决定,预定;注定
предпосы́лка	先决条件,前提
предпринима́тельская де́ятельность	创业活动
представля́ть/предста́вить	是;想象;提出,提交
пре́жде чем	之前,在……以前
преиму́щество	优势
прерыва́ть	中断
прести́ж	威望
при нали́чии кого́-чего́	在具备……的条件下
приборостро́ение	仪器制造,仪表制造业
при́быльность	盈利性;利润率(阴)
приём	接受;方法
призна́ние	承认
прикладно́й	应用的,实用的
прикрепля́ть/прикрепи́ть	固定
примене́ние	应用

применя́ть/примени́ть	应用;采用
принадле́жность	隶属关系(阴)
принима́емый	可认可的,可接受的
при́нцип	原则,原理;准则
принципиа́льно	原则上
приобрета́ть/приобрести́	获得;买到
приро́дный	自然的
проводно́й	导线的,有线的
продвиже́ние	推进,推广
прое́кт	方案,设计;项目
проекти́рование	设计
прое́ктный	设计的,方案的
производи́мый	所生产的
производи́ться/произвести́сь	进行,组织;生产,制造
произво́дственный	生产的
произво́дство	生产,制造
происходи́ть/произойти́	发生
промы́шленность	工业(阴)
промы́шленный	工业的
промы́шленный диза́йн (промдиза́йн)	工业品工艺设计
простира́ться/простере́ться	延伸,扩展;共计,总共有
прототипи́рование	原型化
профессиона́льный	专业的;职业的
процеду́ра	程序
проце́сс	流程,工序;过程,程序
проце́ссор	处理器,处理程序
проявле́ние	显示,出现
психологи́ческий	心理的
психоло́гия	心理学
путь	路,道路(阳)

Р

| радиоволна́ | 无线电波 |
| ра́дио-опти́ческий | 无线光电学的 |

радиосигна́л	无线电信号
радиоте́хника	无线电技术
разви́тие	发展
разде́л	篇,章;部分
разделе́ние	划分
разде́льный	单独的,分开的
разделя́ть/раздели́ть	分成
разли́чный	不同的
разнообра́зный	各种各样的
разраба́тывать/разрабо́тать	制定,拟定;研究,分析;加工
разрабо́тка	研究;开发
разрабо́тчик	设计人员,研制人员,开发人员
разреше́ние	许可,许可证;解决,解答
райо́нный	区域的,地区的,地方的
ра́мка	框架,范围
распростране́ние	传播,推广,普及
распространённый	常见的,普遍的
рассма́триваться	被观察,被看作
расстоя́ние	距离
расти́	增长,增加;生长,成长,长大
расхо́д	分散;费用;消耗
расчёт	计算,核算;结算,清算
рациона́льно	合理地
реаги́ровать	反应
револю́ция	革命
регули́ровать	调整
резьба́	雕刻;螺纹
реконстру́кция	改造,改建
ре́льсовый	轨道的
репута́ция	声誉
реставра́ция	修复,修补,恢复
ресу́рс	资源
ри́гель	横木,横梁(阳)
ро́зничный	零售的
руководи́ть	[未]领导

ры́нок	市场
ры́ночная эконо́мика	市场经济

C

с по́мощью кого́–чего́	借助于……;在……的帮助下
с учётом чего́	考虑到,顾及到
самоактуализа́ция	自我实现
самовыраже́ние	自我表现
самолёт	飞机
САПР(систе́ма автоматизи́рованного проекти́рования)	自动设计系统
сбо́рный	装配的,组装的;混合的
сва́рка	焊接
сварно́й	焊接的,熔接的
сва́рочный	焊接的,焊接用的
све́дение	消息,资料
свет	光
сво́йство	性质,属性
свя́зывать／связа́ть	把……联系起来
се́ктор	部门,部分;部,局,科,处
сжа́тие да́нных	数据压缩
сигна́л	信号
сигна́льный	信号的
ситуа́ция	情况,形势,局势
складско́й	仓库的,库房的
ско́рость	速度(阴)
сла́ва	荣耀
сле́довать／после́довать	应该,应当;跟随,跟着
служи́ть	为……服务,为……工作;任职,供职;用作,当作,用途为……
слу́шатель	听众;学生(阳)
смеше́ние	混合
снабже́нец	供应商
соблюда́ть／соблюсти́	保持

совоку́пность	总和,总体;组合(阴)
содержа́ться	包含,含有;处在(某种状态);放置,保存(在某处)
созда́ние	创造,建立;建造,制造
сообще́ние	通信,消息
сооружа́ться/сооруди́ться	建筑,修建,建造
сооруже́ние	构筑物,建筑物,设施
соотве́тствующий	相应的;适当的
сопротивле́ние	阻力;强度;防抗;抵抗
составля́ть/соста́вить	构成
состоя́ть из кого́-чего́	由……组成;包括
сохраня́ться/сохрани́ться	保存下来,保留下来
сочета́ться	相结合,结合起来
специализи́рованный	专门的,专用的;专业的
сплав	合金
сплочённость	团结(阴)
спрос	需求
сравне́ние	对比,比较
среда́	环境;界;介质
стаби́льность	稳定性(阴)
сталь	钢(阴)
стально́й	钢的,坚硬的
стандартиза́ция	标准化,规格化,统一化;一般化,公式化
станда́ртный	标准的
ста́тус	地位
сто́йка	支柱,支架
столо́вый прибо́р	餐具
страх	恐惧
строе́ние	建筑物;构造
строи́тельно-монта́жный	建筑安装的
строи́тельство	建筑;建筑工程;建设
структу́ра	结构;构造;组织;机构
структу́рный	结构的
струнобето́нный	钢弦混凝土制的
субъе́кт	主体

существенный	极重要的,本质上的,实质的
сфéра	范围,领域
схéма	线路图,示意图
схемотéхника	电路技术;电路学
схóжий	类似的,相合的
съёмный	可拆卸的

T

твóрческий	创作的,创造的
телекоммуникáция	远程通信,电信学
теóрия	理论
тепловóй	热的,热力的
тéрмин	术语
термодинáмика	热力学
технологíческий	工艺的
технолóгия	工艺学
тип	类型,形式
традициóнный	传统的
трáнспортный	运输的
трансформáторный	变电的,变压的
трéбование	要求,需要;标准,规则
трéбовать/потрéбовать	要求;需要
тревóга	焦虑
тригонометрíческий	三角的
туннéль	隧道(阳)
тя́говый	牵引的

У

удовлетворéние	满意
умéние	能
уменьшéние	减少,缩小
управлéние	管理
управля́ть кем-чем?	[未] 管理;控制;支配

усиле́ние	放大
усло́вие	条件
услу́га	服务,效劳;设施,设备(常用复数)
устано́вка	设备,装置
устро́йство	建造,设备,装置
уча́стник	参与者
учи́тывать/уче́сть	考虑到,注意到;核算,统计
учрежде́ние	机构,机关

Ф

фено́мен	现象
фе́рма	桁架;构架;横梁;牧场
фи́дер	馈(电)线
фи́дерный	馈线的,支线的
физиологи́ческий	生理上的
фикса́тор	定位器,固定销
фикси́ровать	固定;记录;规定
фильтр	过滤器
фильтра́ция	过滤
фо́рма	形式,方式,形状,外形
форма́льный	正式的
формирова́ть/сформирова́ть	形成,组成
фо́рмообразова́ние	造型,成型,定型
фунда́мент	基础,基座
фундамента́льный	基本的
функциона́льный	功能的
функциони́ровать	起作用,发挥职能;工作,动作
фу́нкция	函数

X

ха́ос	混乱
характери́стика	特征,特性
худо́жественно-техни́ческий	美术工艺的

Ц

цветове́дение	色彩学
цветово́й	颜色的
цель	目的(阴)
це́льный	完整的,纯的
центрифуги́рованный	离心的
цикл	周期,循环
цифрово́й	数字的

Ч

челове́ческий	人类的
черта́	特点,特征
чертёж	图纸
четырёхгра́нный	四面的,四方的
чино́вник	官员
число́	数,数量;日,号
ЧПУ（числово́е програ́ммное управле́ние）	数字程序控制

Ш

шарни́рно	灵活转动地;铰接地
широ́кий	宽的
штампо́вка	冲压,冲制
шта́нга	拉杆;导电棒

Э

эко́лого-технологи́ческий	生态工艺的
экспериме́нт	实验
эксплуата́ция	运行,运转,使用,经营;开发,开采
электрифици́рованный	电气化的;电动的

электрово́з	电力机车
электромагни́тный	电磁的
электропереда́ча	输电，送电
электроста́нция	发电站
электроте́хника	电工学，电气工程，电工技术
электротя́говый	电力牵引的
электрофизи́ческий	电物理的
электрохими́ческий	电化学的
элеме́нт	元素；元件，零件
энерге́тика	力能学，动力（学）
энергети́ческий	动力的，能源的
эне́ргия	能，能源，能量
эстети́ческий	美学的
эффе́кт	效果
эффекти́вно	有效地

ПРИЛОЖÉНИЕ 1 电子信息工程专业词汇

通信原理

2-винтовáя сигнализáция по вы́деленному канáл	2 位信令码元的随路信令
абонéнтская ли́ния	用户线
авиагоризóнта возврáта в начáльное положéние	复原信号
автокорреляциóнная фýнкция	自相关函数
автомати́ческая цифровáя систéма свя́зи	自动数字通信系统
амплитýдная и́мпульсная модуля́ция	脉冲振幅调制
амплитýдная манипуля́ция	振幅键控
амплитýдно-и́мпульсная частóтная модуля́ция	脉幅调制频率调制
амплитýдно-частóтная характери́стика	振幅频率特性
анáлоговая абонéнтская ли́ния	模拟用户线
анáлоговая модуля́ция	模拟调制
анáлоговый сигнáл	模拟信号
антéнна	天线
апериоди́ческий сигнáл	非周期信号
битрéйт	比特率
боковóй лепестóк	旁瓣
быстрохóдность	高速性(阴)
вероя́тность оши́бки	误差概率
виртуáльное соединéние	虚拟连接
внéшняя синхронизáция	外同步
воспринимáть сигнáл	接收信号
восстанáвливать сигнáл	恢复信号
восстанáвливать фóрму сигнáла	恢复信号波形
временнáя óбласть	时域
врéмя вы́держки	保持时间
вспомогáтельная частотá	辅助频率
высокочастóтное уплотнéние	载波调制
гармони́ческое искажéние	谐波失真

гáуссовский процéсс	高斯过程
гексадецимáльная систéма	十六进制数字体系
генерáтор тонáльного вы́зова	振铃信号发生器
генерáтор шýма	噪声发生器
генерáторная лáмпа	振荡管
глáвный лепестóк	主瓣
глобáльная автомати́ческая цифровáя систéма свя́зи	全球自动数字通信系统
группⅠовáя синхронизáция	群同步
дáльность передáчи	传输距离
дáтчик	传感器
двухполóсный параметри́ческий усили́тель	双边带参量放大器
дели́тель частоты́	分频器
дéльта—модуля́ция	增量调制
дешифрáтор	译码器
дешифри́рование	译码
диапазóн рабóчих волн	工作波段
дифференциáльная кóдово—и́мпульсная модуля́ция	差分脉冲脉码调制
дли́тельная мóщность	持续功率
дополни́тельное управля́ющее пóле	辅助控制字段
дýплексная связь	双工通信
дýплексный канáл	双向信道
ёмкостное влия́ние	电容性干扰
задéржка	时延
имити́рующий сигнáл	模拟信号
и́мпульсная модуля́ция по дли́тельности	脉冲宽度调制
и́мпульсная фáза	脉冲相位
и́мпульсно—модули́рованная несýщая	脉冲调制载波
и́мпульсный модуляци́онный передáтчик	脉冲调制发射机
и́мпульсный шум	脉冲噪声
интегрáция	集成化
интеллектуализáция	智能化
интернéт	互联网
информаци́онная óбласть	信息域
информаци́онная ячéйка	信元
информаци́онный си́мвол	信息码元

информа́ция	信息
инфракра́сная систе́ма свя́зи	红外通信系统
иску́сственный шум	人为噪声
исто́чник	信源
исто́чник и́мпульса	脉冲源
исто́чник информа́ции	信息源
исто́чник шу́ма	噪声源
ка́дровая синхрониза́ция	帧同步
кана́л	信道
кана́л свя́зи с изменя́ющимися во вре́мени пара́метрами	时变参数信道
кана́льное декоди́рование	信道译码
кана́льное коди́рование	信道编码
кана́льный у́ровень	数据链路层
квантова́тель	量化器(阳)
когере́нтная демодуля́ция	相干解调
когере́нтность по фа́зе	相位相干性
кодиро́вщик	编码器
ко́довое объедине́ние	码分连接
ко́дово-и́мпульсная модуля́ция	脉码调制
ко́дово-и́мпульсная модуля́ция опти́ческого сигна́ла	光脉冲编码调制
ко́довая гру́ппа	码组
коле́блющийся сигна́л	起伏信号
коммутацио́нное обору́дование	交换设备
компле́ксная амплиту́да	复振幅
компле́ксно-сопряжённая величина́	共轭复数
компле́кт удалённого абоне́нта	远端用户电路
компоне́нт постоя́нного то́ка	直流分量
компью́терная связь	计算机通信
контро́вое кольцо́	锁紧环
контро́ль посы́лки вы́зовов	回铃音
контро́льное по́ле	控制字段
коэффицие́нт одноби́товых оши́бок	误码率
крива́я спектра́льной пло́тности мо́щности	功率谱密度曲线
ла́зерная систе́ма свя́зи	激光通信系统
лине́йное искаже́ние	线性失真

ли́чная систе́ма перепи́ски	专用通信系统
ло́жный кана́л	虚信道
лока́льные колеба́ния	局部振荡
манипули́рование сдви́гом частоты́	频移键控
мгнове́нная мо́щность	瞬时功率
междустанцио́нная соедини́тельная ли́ния	局间中继线
межсимво́льная интерфере́нция	码间干扰
многокана́льная систе́ма свя́зи	多路通信系统
многолучево́й о́тклик	多径响应
многочасто́тная сигнализа́ция	多频信令
моде́ль аналого́вой систе́мы свя́зи	模拟通信系统模型
моде́ль цифрово́й систе́мы коммуника́ции	数字通信系统模型
модули́рованный сигна́л	已调信号
модули́рованный сигна́л одно́й боково́й полосо́й	单边带调制信号
модули́рующий сигна́л	调制信号
мо́дуль	模(阳)
модуля́тор и́мпульсов по дли́тельности	脉冲宽度调制器
модуля́ция одни́м то́ном	单音调制
модуля́ция по числу́ и́мпульсов за едини́цу вре́мени	脉冲密度调制
модуля́ция положе́нием и́мпульсов	脉冲位置调制
модуля́ция с двумя́ боковы́ми полоса́ми	双边带调制
модуля́ция с части́чным подавле́нием боково́й полосы́	残留边带调制
мо́щность шу́ма	噪声功率
мультиплекси́рование с разделе́нием по вре́мени	时分复用
назе́мная ла́зерная систе́ма свя́зи	地面激光通信系统
наибо́льшая амплиту́да	最大振幅
нала́дка систе́мы и́мпульсного коди́рования	脉冲编码调制
напряже́ние на конце́ ли́нии	受电端电压
напряже́ние сигна́ла	信号电压
напряже́ние терми́ческих шу́мов	热噪声电压
некогере́нтная демодуля́ция	非相干解调
нелине́йное искаже́ние	非线性失真
непреры́вное сообще́ние	连续消息
неравноме́рное квантова́ние	非均匀量化
нестациона́рный случа́йный проце́сс	不平稳随机过程

нечётная симметри́я	奇对称
нечётно-гармони́ческая фу́нкция	奇次谐波函数
но́вость	消息(阴)
нормализо́ванная мо́щность	归一化功率
норма́льное распределе́ние	正态分布
о́бласть а́дреса	地址字段
обнаруже́ние огиба́ющей	包线检波
обра́тное преобразова́ние	逆变换
обра́тное преобразова́ние Фурье́	傅里叶逆变换
обра́тный кана́л	反向信道
однополо́сная модуля́ция	单边带调制
однополо́сный приём	单边带接收法
ослабле́ние	衰减
осредне́ние по вре́мени	时间平均值
осцилля́тор несу́щей частоты́	载频振荡器
отве́тный сигна́л	应答信号
отклоне́ние частоты́	频率偏移
относи́тельная ско́рость	相对速度
относи́тельная фа́зовая манипуля́ция	相对相位键控
отправи́тель	发送者(阳)
оши́бка сопровожде́ния луча́	射束跟踪误差
паралле́льная переда́ча	并行传输
пе́рвая гармо́ника	一次谐波
переда́тчик сигна́лов амплиту́дной модуля́ции	调幅波发射机
переда́ча двумя́ боковы́ми полоса́ми	双边带传输
переда́ча информа́ции	传输信息
переда́ча одно́й боково́й полосо́й	单边带传输
переда́ча основно́й полосы́	基带传输
передаю́щее устро́йство	发送设备
передаю́щий коне́ц	发送端
пери́од повторе́ния и́мпульсов	脉冲重复周期
пери́од ци́фры	数字信号周期
периоди́ческий сигна́л	周期信号
плезиохро́нные цифровы́е сигна́лы	准同步数字信号
повтори́тель вызывны́х сигна́лов	振铃信号重发器

пода́ча пита́ния	前馈
по́ле ме́тки	标志字段
по́ле причи́ны	原因字段
полоса́ эффекти́вно-передава́емых часто́т	有效传输频带
полосово́й сигна́л	带通信号
полуду́плексная связь	半双工通信
полукомпле́кт высо́кой частоты́	载波端局
получа́тель	接收者(阳)
по́льзовательский порт	用户端口
после́довательная переда́ча	串行传输
преде́л	极限
преобразова́ние	变换
прибо́р дете́кторной систе́мы	检波式仪表
приём с примене́нием согласо́ванного фи́льтра	匹配滤波器接收法
приёмное обору́дование	接收设备
приёмный коне́ц	接收端
прикладно́й у́ровень	应用层
проводно́й кана́л	有线通路
про́волочный телегра́ф	有线电报
програ́ммный контро́ллер	程序控制器
продолжи́тельность затуха́ния	衰减时间
промежу́точный контро́ллер	中间控制器
пропорциона́льный отбо́р проб	比例抽样
пропуска́ющий сигна́л	选通信号
пропускна́я спосо́бность кана́ла свя́зи	信道容量
простра́нственный фильтр	空间滤波器
противоколеба́тельный фильтр	防振滤波器
противолокацио́нный фильтр	反雷达滤波器
противошумова́я корре́кция	抗噪声校正
противошумово́й фильтр	消杂音滤波器
проце́сс затуха́ния	衰减过程
проце́ссор обрабо́тки цифровы́х сигна́лов	数字信号处理机
проше́дший растр	传输能量
пряма́я абоне́нтская ли́ния	直通用户线
прямо́й кана́л	正向信道

прямоуго́льный и́мпульс	矩形脉冲
равноме́рное квантова́ние	均匀量化
радиопереда́ча	无线电广播
распределе́ние Рэле́я	瑞利分布
реа́льный сигна́л	实信号
регули́рование ка́дровой синхрониза́ции	帧频同步调整
регуля́тор постоя́нного числа́ оборо́тов	定速调整器
резона́нсная кругова́я частота́	共振角频率
рефле́ксный дво́ичный код	交替二进码
ряд Фурье́	傅里叶级数
связь	通信(阴)
сеа́нсовый у́ровень	对话层
сетево́й у́ровень	网络层
сеть моби́льного телефо́на	移动通信网
сеть свя́зи	通信网
сигна́л	信号
сигна́л звонко́м	振铃信号
сигна́л мо́щности	功率信号
сигнализа́ция по вы́деленному кана́лу	随路信令
си́мплексная связь	单工通信
синусоида́льная волна́	正弦波
синхрониза́ция би́та	位同步
синхрониза́ция несу́щей частоты́	载波同步
синхронизи́рованное слеже́ние	同步跟踪
синхронизи́рующий и́мпульс ка́дров	帧频同步脉冲
синхронизи́рующий сигна́л частоты́ ка́дров	帧频同步信号
систе́ма и́мпульсной модуля́ции	脉冲调制系统
систе́ма переда́чи да́нных	数据通信系统
систе́ма переда́чи изображе́ний	图像通信系统
систе́ма проводно́й свя́зи	有线通信系统
систе́ма с взаи́мной синхрониза́цией	相关同步系统
систе́ма с переда́чей несу́щего колеба́ния	载波传输系统
систе́ма телефо́нной свя́зи	电话通信系统
ско́рость переда́чи	传输速率
ско́рость переда́чи да́нных в бо́дах	波特率

скóрость передáчи едини́цы информáции	单位信息传输速率
скóрость передáчи информáции	信息传输速率
скóрость передáчи по бáйтам	字节传输速率
случáйная величинá	随机变量
случáйное фáзовое рассогласовáние	随机相位误差
смещéние срéдней частоты́	中心频率偏移
сóбственная угловáя частотá	固有角频率
соглашéние по свя́зи	通信协议
содержáние информáции	信息量
соотношéние сигнáла и шу́ма	信噪比
сóтовая сеть	蜂窝网
спектр	频谱
спектрáльная плóтность	频谱密度
спектрáльная плóтность мóщности	功率谱密度
спектрáльная плóтность энéргии	能量谱密度
спектрáльная фу́нкция	频谱函数
спецсвя́зь	专线(阴)
спóсоб свя́зи	通信方式
срéднее энерговыделéние	平均功率密度
срéдние величи́ны в статисти́ке	统计平均值
срéдняя информáция	平均信息量
срéдняя мóщность	平均功率
стáртовый элемéнт	起始码元
стартстóпная синхронизáция	起停式同步
стати́ческая оши́бка слежéния	静态跟踪误差
стационáрное случáйное распределéние	平稳随机分布
стéпень испóльзования спéктра	频谱利用率
стóповый элемéнт	停止码元
стохасти́ческий процéсс	随机过程
счётно-решáющая систéма автомати́ческого сопровождéния	同步跟踪计算系统
телегрáфная систéма свя́зи	电报通信系统
телеметри́ческая систéма с и́мпульсной модуля́цией	脉冲调制遥测系统
телефóнный обмéн	话务量
теорéма отсчётов	抽样定理
терминáльная стáнция	终端站

тона́льный сигна́л	音频信号
то́чность	精度(阴)
транзи́стор для широ́тно-и́мпульсной модуля́ции	脉宽调制晶体管
трансмиссио́нная ли́ния	传输线路
уда́рный и́мпульс	冲击脉冲
узкополо́сный шум	窄带噪声
узлова́я ста́нция	枢纽站
умноже́ние часто́тного отклоне́ния	频率偏移倍增
управля́ющий код	控制码
у́ровень квантова́ния сигна́ла свя́зи	信号量化电平
устано́вочное вре́мя	安装时间
устро́йство заземле́ния	接地设备
устро́йство согласова́ния цифр	数字中继匹配设备
фа́за	相位
фа́за несу́щей волны́	载波相位
фа́зовая манипуля́ция	相位键控
фа́зовая модуля́ция	相位调制
фа́зовая оши́бка	相位误差
фа́зовое искаже́ние	相位失真
фа́зовый дискримина́тор	相位鉴别器
фа́зо-часто́тная характери́стика	相位频率特性
физи́ческий у́ровень	物理层
фильтра́ция ни́жних часто́т	低通滤波
флуктуацио́нный шум	起伏噪声
фо́рмула Эйлера	欧拉公式
фу́нкция взаи́мной корреля́ции	互相关函数
фу́нкция вре́мени	时间函数
фу́нкция вы́борки	抽样函数
фу́нкция пло́тности вероя́тности	概率密度函数
фу́нкция распределе́ния	分布函数
цепно́й ход	链路
цикли́ческая синхрониза́ция	循环同步
циклово́й синхросигна́л	帧同步信号
цифра́ция	数字化
цифрова́я модуля́ция	数字调制

цифрова́я радиореле́йная ли́ния	数字无线中继线路
цифрова́я систе́ма переда́чи для АЛ	用户线用数字传输系统
цифрово́й сигна́л	数字信号
часово́й синхрони́зм	时钟同步
частота́ переда́чи	传输频率
частота́ появле́ния оши́бок	误码率
часто́тная манипуля́ция	频率键控
часто́тная модуля́ция	频率调制
часто́тная о́бласть	频域
часто́тное искаже́ние	频率失真
чётная симметри́я	偶对称
числова́я после́довательность	数序列
ширина́ и́мпульсов	脉冲宽度
ширина́ полосы́	带宽
широ́кий и́мпульс	帧同步脉冲
широ́тно—и́мпульсная модуля́ция	脉宽调制
шифрова́ние	加密
шум квантова́ния	量化噪声
шумово́е напряже́ние	噪声电压
электри́ческий сигна́л	电信号
электроу́ровень	电平(阳)
электрофо́рный, управля́емый напряже́нием	压控振荡器
элеме́нт после́довательности	序列元
энергети́ческий сигна́л	能量信号
энтропи́я	熵,热力函数
эргоди́чность	各态历经性(阴)
эффекти́вная ско́рость переда́чи	有效传输速率

计量与无线电测量

абсолю́тная чувстви́тельность	绝对灵敏度
абсолю́тное дифференци́рование	绝对微分法
автоматизи́рованное сре́дство измере́ний	自动测量工具
автомати́ческий анализа́тор спе́ктра	自动频谱分析仪
азимута́льная развёртка	方位(角)扫描
аквада́г	导电敷层

алгори́тм	算法
амперме́тр	电流表
амплиту́дно-временно́й преобразова́тель	脉冲幅度时间变换器
анализа́тор спе́ктра	频谱分析仪
аналити́ческие ве́сы	分析天平
ано́д	阳极
аттенюа́тор	衰减器
безразме́рная едини́ца	无量纲单位
безразме́рная постоя́нная	无量纲常数
безразме́рность	无量纲(阴)
блок пита́ния	电源装置
блок схе́ма	流程图
бы́страя развёртка	快速扫描
вертика́льная развёртка	垂直扫描
вертика́льно-отклоня́ющая пласти́на	垂直偏转板
ве́рхний преде́л измере́ния	测量上限
ве́сы	[复]天平
вольтме́тр	电压表
воспроизводи́мость	可重复性(阴)
вре́менная разреша́ющая спосо́бность	时间分辨率
вре́мя взя́тия вы́борки	采样时间
вспомога́тельное сре́дство измере́ний	辅助测量工具
второ́й ано́д	第二阳极
выпрями́тель	整流器(阳)
генера́тор горизонта́льной развёртки	水平扫描振荡器
генера́тор и́мпульса	脉冲发生器
генера́тор опо́рных часто́т	基准频率发生器
генера́тор развёртки	扫描发生器
генера́тор вертика́льной развёртки	垂直扫描振荡器
генера́тор такти́рующих и́мпульсов	同步脉冲发生器
гиревы́е ве́сы	砝码秤
горизонта́льная развёртка	水平扫描
горизонта́льно-отклоня́ющая пласти́на	水平偏转板
гра́фик нивелиро́вочных невя́зок	水平测量误差表
графи́ческая развёртка	图形扫描

графи́ческое дифференци́рование	图解微分法
двухлучево́й осцилло́граф и́мпульсного напряже́ния	双踪脉冲电压示波器
двухшле́йфовый осциллоско́п	双回线示波器
действи́тельное значе́ние	实际值
дели́тель	分配器(阳)
децибе́л	分贝
диапазо́н измере́ния	测量范围
диапазо́н у́ровня ограниче́ния	电平限制范围
дифференциа́льный ме́тод	微分法
дрейф	漂移
едини́ца	单位
еди́нство измере́ний	统一量度
ёмкость	电容(阴)
жду́щая развёртка	驱动扫描
зада́ча с нача́льными усло́виями	初始值问题
заде́ржанная развёртка	延迟扫描
заме́ренная характери́стика	计量特性
запомина́ющий осцилло́граф	存储示波器
зо́на нечувстви́тельности	不工作区,非灵敏区
измере́ние в динами́ческих усло́виях	动态测量
измере́ние стати́ческого магни́тного по́ля	静态磁场测量
измере́ние физи́ческой величины́	物理量的测量
изме́ренное значе́ние	测量值
измери́тельная маши́на	测量机
измери́тельная систе́ма	测量系统
измери́тельная цепь	测试电路
измери́тельное обору́дование	测量设备
измери́тельное сре́дство	测量工具
измери́тельное устро́йство	测量装置
измери́тельный инструме́нт	测量仪器
измери́тельный мост	测量电桥
измери́тельный преобразова́тель	测量变换器
измери́тельный у́ровень	测量电平
импеда́нс	阻抗
индика́тор	指示器

индукти́вность	电感(阴)
инерцио́нность	惯性(阴)
интегра́льный осредни́тель	积分平均器
интегра́тор	积分器
интерполя́ция	插值法
и́стинное значе́ние	实值
исхо́дное значе́ние	初始值
ка́дровая развёртка	帧扫描
калибро́вка	校准
калибро́вочная характери́стика	校准特性
като́д	阴极
като́дно-лучева́я тру́бка	阴极射线管
като́дный луч	阴极射线
квадрати́чный дете́ктор	平方律检波器
квадрато́р	平方器
кольцева́я развёртка	环形扫描
коммутацио́нный циркуля́тор	转换循环器
компара́тор	比较器
коне́чное значе́ние	终值
коро́ткое замыка́ние	短路
ко́свенное измере́ние	间接测量
коэффицие́нт различе́ния	分辨率
коэффицие́нт усиле́ния	增益系数
кругова́я развёртка	圆形扫描
лине́йная развёртка	线性扫描
ли́ния нулево́го склоне́ния	零偏线
люминофо́р	发光材料,荧光粉
ме́тод замеще́ния	替代法
ме́тод после́довательного приближе́ния	逐次逼近法
ме́тод согласова́ния	符合法
ме́трика	度量
метри́ческая систе́ма	公制
метроло́гия	计量学
многокана́льный	多信道的
многокра́тные измере́ния	多次测量

многолучевóй	多电子束的
модели́рующее устрóйство	模拟装置
мостовáя схéма	桥式电路
нарáщиваемые мóдули	扩展模块
начáльная фóрмула	初始值公式
неопределённость	不确定性(阴)
непосрéдственное измерéние	直接测量
непрерÿвная развёртка	连续扫描
нивели́рный инструмéнт	水准测量仪器
ни́жний предéл измерéния	测量下限
номинáльное значéние	额定值
нулевáя тóчка	零点
нулевáя шкалá	零刻度
нулевóй мéтод измерéний	零点测量法
нумерáция по амплитýде	振幅量化
ограничéние объёма	限幅
однокрáтная развёртка	单次扫描
оммéтр	欧姆表,电阻表
осциллóграф	示波器
отсчёт	读数
оши́бка в измерéнии скóрости изменéния дáльности	距离变化率测量误差
оши́бка отбóра	采样误差
панéль	配电板(阴)
пéрвый анóд	第一阳极
передáтчик фотоэлектри́ческих и́мпульсов	光电脉冲发生器
перемéнное напряжéние	交流电压
перемéнный ток	交流电流
перестрáиваемый фильтр	可调滤波器
перехóд по схéме мостá	桥式电路转换
пи́ковое напряжéние	峰值电压
питáние постоя́нным тóком	直流供电
по метри́ческой систéме	按公制度量
погóнная мéра	长度度量
погрéшность	误差(阴)
погрéшность измерéния	测量误差

погрéшность измери́тельного прибóра	测量仪器误差
подогревáтель	加热器(阳)
показáние кóмпаса	罗盘读数
показáние прибóра	仪表读数
показáтель кáчества	质量指标
постоя́нное напряжéние	直流电压
постоя́нный сверхпроводя́щий ток	直流超导电流
построчная развёртка	逐行扫描,顺序扫描
прáвильность	正确性(阴)
предéльная погрéшность	极限误差
преобразовáтель непрерывной величины в код	模数转换器
преобразовáтель частоты	变频器
прибóр с балансирóвкой нуля́	零点平衡仪
прибóр с выпрями́телем	整流式仪表
прикладнáя метролóгия	应用计量学
провéрка погрéшности	误差检测
проводни́к	导体
прострáнственная разрешáющая спосóбность	空间分辨率
прострáнство дрéйфа	漂移空间
равномéрная развёртка	等速扫描
развёртка	扫描
раздели́тельный конденсáтор	分离电容器
размéрность	量纲(阴)
разрешáющая спосóбность спектрóметра	频谱仪分辨率
расширéние	扩展
резонáнсный частотомéр	共振频率计
результáт измерéния	测量结果
ручны́е вéсы	杠杆秤
сéкторная развёртка	扇形扫描
синтезáтор частóт	频率合成器
системати́ческая оши́бка	系统误差
скоростнóй осциллóграф	高速示波器
случáйная погрéшность	随机误差
смещéние механи́ческого нуля́	机械零偏
согласóванность	一致性(阴)

соединéние по мостовóй схéме	桥式电路连接
сопротивлéние	电阻
сопротивлéние нагрýзки	负载电阻
спектрáльный анáлиз линéйных систéм	线性系统频谱分析
спектрáльный анáлиз эмúссии	辐射频谱分析
специáльный осциллóграф	专用示波器
срéднее значéние	平均值
срéднее квадратúческое отклонéние	均方差
стандáртная единúца	标准单位
стрéлка	指针
стробоскопúческий осциллóграф	频闪示波器
схéма с уравновéшенным мóстиком	平衡桥式电路
сходúмость	收敛性(阴)
счётчик для абсолю́тных измерéний	绝对测量计数器
счётчик úмпульсов	脉冲计数器
теоретúческая метролóгия	理论计量学
тóчность	准确性(阴)
трансформáтор	变压器
универсáльный осциллóграф	通用示波器
управля́ющий электрóд	控制电极
уравнéние измерéния	测量方程式
ýровень квантовáния сигнáла свя́зи	信号量化电平
усилúтель вертикáльного врéмени	垂直时间放大器
усилúтель вертикáльного отклонéния	垂直偏转放大器
усилúтель горизонтáльного отклонéния	水平偏转放大器
услóвие измерéния	测量条件
услóвный масштáб	标准标度
ухóд нуля́	零点偏移
фигýра Лиссажý	利萨如图形
физúческая величинá	物理量
фиксúрованная модéль	固定模式
функционáльный преобразовáтель	函数转换器
цифровóй измерúтельный прибóр	数字测量仪器
цифровóй индикáтор	数字显示器
цифровóй мультимéтр	数字万用表

частотоме́р	频率计
четырёхпо́люсник	四端网络
чувстви́тельность	灵敏度(阴)
ша́говое напряже́ние	阶跃电压
широ́кий диапазо́н	宽波段
шкала́	刻度尺
электро́нно-счётный частотоме́р	电子计数频率计
электро́нный луч	电子束
электростати́ческая систе́ма	静电系统
этало́нная частота́	标准频率
эффекти́вное значе́ние	有效值
эффекти́вность	有效性(阴)

激光

акустоопти́ческий модуля́тор	声光调制器
анизотро́пная среда́	非均匀介质
биполя́рность	两极性(阴)
возбуждённое состоя́ние	激发态
волнова́я тео́рия све́та	光的波动理论
волоко́нный ла́зер	光纤激光器
газодинами́ческий ла́зер	气体动力激光器
газообра́зный ла́зер	气体激光器
ге́лий-ка́дмиевый ла́зер	氦镉激光器
ге́лий-нео́новый ла́зер	氦氖激光器
гетероперехо́д	异质结
гомоперехо́д	同质结
ди́сковый ла́зер	圆盘激光器
диспе́рсия све́та	光的色散
дифракцио́нная решётка	衍射光栅
дифра́кция	衍射
длина́ волны́	波长
зако́н Рэ́лея-Джи́нса	瑞利-琼斯定律
зако́н смеще́ния Ви́на	维恩位移定律
индуци́рованное излуче́ние	感应辐射
интенси́вность излуче́ния	辐射强度

интенси́вность	强度;亮度(阴)
инфракра́сное излуче́ние	红外辐射
ио́нный ла́зер	离子激光器
ка́бель	电缆(阳)
ка́устика	焦散线
квант	量子
ква́нтовый скачо́к	量子跃迁
когере́нтность	相干性(阴)
коэффицие́нт превраще́ния эне́ргии	能量转换系数
кренова́я систе́ма	横倾平衡系统
ла́зер на двойно́й гетерострукту́ре	双异质结激光器
ла́зер на и́ттриево-алюми́ниевом грана́те	钇铝石榴石激光器
ла́зер на па́рах мета́ллов	金属蒸气激光器
ла́зер на свобо́дных электро́нах	自由电子激光器
ла́зер на углеки́слом га́зе	二氧化碳激光器
ла́зер рентге́новского диапазо́на	X 射线激光器
ла́зер с гетероперехо́дом	异质结激光器
ла́зер с распределённой обра́тной свя́зью	分布式反馈激光器
ла́зерное излуче́ние	激光辐射
ли́нза	透镜
магнитоопти́ческий модуля́тор	磁光调制器
маломо́щный ла́зер	低功率激光器
метастаби́льное состоя́ние	亚稳态
молекуля́рный ла́зер	分子激光器
монохромати́ческое излуче́ние	单色辐射(单色光)
монохромати́чность	单色性(阴)
мо́щность излуче́ния	辐射功率
надёжность	可靠性(阴)
напра́вленность	方向性(阴)
настро́енная по́лость	谐振腔
нейтро́н	中子
неоди́мовый ла́зер	钕激光器
одноро́дная сплошна́я среда́	均匀连续介质
одноро́дный диэле́ктрик	均匀介质
опти́ческая мо́щность	光功率

оптический квантовый генератор	光学量子发生器
оптический направленный ответвитель	光定向耦合器
оптический резонансный тон	光学谐振腔
оптоволоконный разъём	光耦合器
оптрон	光电子机
орбита	轨道
освещённость	照明度(阴)
основное состояние	基态
осциллятор	振荡器;振子
отражение	反射
отрицательная обратная связь	负反馈
падающее излучение	入射辐射
параметр	参数
перестраиваемый лазер	可调谐激光器
переход/скачок	跃迁
переходное излучение	跃迁辐射
поглощение	吸收
полезное действие преобразования энергии	能量转换效率
положительная обратная связь	正反馈
полупроводниковый лазер	半导体激光器
поляризатор	偏振器
поляризация	极化;偏振
поляризация света	光的偏振
полярность	极性(阴)
помехозащищённость	抗干扰性(阴)
помехоустойчивость автоматических систем	自动系统的抗干扰性
поперечная мода	横向模式
порт	端口
порт вывода	输出端口
потеря в резонаторе	谐振腔内损失
преломление	折射
призма	棱镜
продольная мода	纵向模式
противодифферентная система	纵倾平衡系统
радиолокатор	雷达

рассе́яние на неоднорóдностях среды́	非均匀介质的散射
расхожде́ние луче́й	光束发散
регуля́тор	调节器
руби́новый ла́зер	红宝石激光器
свети́мость	发光度(阴)
светово́й пото́к	光通量
светопрово́д	光导体
светя́щийся дио́д	发光二极管
синхрониза́ция мод	锁模
сква́жность длины́ и́мпульса	脉冲持续时间
ско́рость све́та	光速
случа́йно-неоднорóдные среды́	随机非均匀介质
спектра́льная ширина́ ли́нии	谱线宽度
спектрóметр	光谱分析仪
спонта́нное излуче́ние	自发辐射
твёрдый ла́зер	固态激光器
теплово́е излуче́ние	热辐射
термина́л	终端
термодинами́ческое равнове́сие	热力学平衡
топологи́ческая структу́ра	拓扑结构
ультрафиоле́товое излуче́ние	紫外辐射
умножи́тельный фотоэлеме́нт	光电倍增管
униполя́рность	单极性(阴)
фемтосеку́ндный ла́зер	飞秒激光器
фонóн	声子
фóрмула Пла́нка	普朗克公式
фотóн	光子
фотоэлектри́ческий дете́ктор	光电探测器
фотоэлектри́ческий эффе́кт	光电效应
хими́ческий ла́зер	化学激光器
частота́	频率
чёрное те́ло	黑体
числó отда́чи	效率系数
эксиме́рный ла́зер	准分子激光器
электромагни́тная волна́	电磁波

электромагни́тное излуче́ние	电磁辐射
электроопти́ческий модуля́тор	电光调制器
электроста́нция	发电站
энергети́ческая систе́ма	能源系统
энергети́ческий у́ровень	能级
эне́ргия излуче́ния	辐射能
энергопотребле́ние	能耗
энергоэффекти́вность	能源效率(阴)
э́рбиевый ла́зер	铒激光器

ПРИЛОЖЕ́НИЕ 2 机械设计制造及其自动化专业词汇

机械原理

12-метро́вая дрель	十二米深孔钻床
абсолю́тная ско́рость	绝对速度
автомати́ческая пла́зменно – дугова́я ре́жущая маши́на	自动等离子电弧切割机
автомати́ческий загру́зчик	（自动）进料器
альвео́ла	齿槽
антикорро́зия；предотвраще́ние корро́зии	防锈
архиме́дов винт	阿基米德螺旋
банда́ж	轮箍
ба́шенный поворо́тный кран	塔式旋臂起重机
бесстру́жная техноло́гия	无切削工艺
блок	滑车
боково́й зазо́р	齿隙
урово́й стано́к	钻探机
быстрореаги́рующий сверли́льный стано́к	灵敏钻床
вал	轴
ведо́мая дета́ль	从动件
веду́щая дета́ль	原动件
ве́ктор	向量
ве́кторный спо́соб	向量法
верста́чный（насто́льный）фре́зерный стано́к	台式铣床
вертика́льно-расто́чный стано́к	立式膛床
вертика́льно-сверли́льный стано́к	立式钻床
вертика́льно-строга́льный стано́к	立式刨床
вертика́льно-фре́зерный стано́к	立式铣床
вертика́льный стано́к	立式车床
вертика́льный карусе́льный стано́к	立式机床
вертика́льный，враща́ющийся строга́льный стано́к	立式转刨床

вибра́тор	振动器
винт	螺丝
винтово́е ре́зание	螺纹切削
винтонарезно́й фре́зерный стано́к	螺纹铣床
вкла́дыш	轴衬;轴瓦
вме́шивать	掺入,混入
внешнешлифова́льный стано́к	外圆磨床
внутришлифова́льный стано́к	内圆磨床
враща́тельная па́ра	转动副
враща́ющийся сверли́льный стано́к	回转式钻床
враща́ющийся фре́зерный стано́к	回转铣床
вспомога́тельный цех	辅助车间
вту́лка	轮毂
выключа́тель на столбе́	架杆开关
высота́ зу́ба	齿全高
газосва́рочная маши́на	气焊机
га́йка	螺母
гальваниза́ция (электропокры́тие)	电镀
гипо́идное колесо́	曲线齿轮
гла́вная сбо́рочная ли́ния	总装配线
горизонта́льно-расто́чный стано́к	卧式膛床
горизонта́льно-расто́чный и сверли́льный стано́к	卧式膛钻床
горизонта́льно-фре́зерный стано́к	卧式铣床
горизонта́льный стано́к	卧式机床
градуи́рованный диск	刻度盘
гру́бая (то́чная) обрабо́тка	粗(精)加工
дви́гатель	发电机(阳)
дви́гатель вну́треннего сгора́ния	内燃机
дви́жущая си́ла	驱动力
двухсторо́нний строга́льный стано́к	双面刨床
двухшпи́ндельный расто́чный стано́к	双轴膛床
двухшпи́ндельный сверли́льный стано́к	双轴钻床
деревообде́лочный (деревообраба́тывающий) стано́к	木工机床
деревообде́лочный цех	木工车间
дета́ль	零件;机件(阴)

дефектоско́п	探伤器
диа́метр вы́ступов	齿顶圆直径
диа́метр дели́тельной окру́жности	分度圆直径
диа́метр основно́й окру́жности	基圆直径
диаметра́льный шаг зацепле́ния	啮合径节
дифференциа́льная коро́бка	齿轮箱
долбёжный стано́к	插床
долбле́ние	插削
долото́	凿子,钻头
домкра́т	千斤顶,起重机
до́пуск	公差
дроби́лка	粉碎机
дуга́ кру́га	圆弧
дыропробивно́й стано́к	冲孔机
зажи́м	夹具
зажи́мный патро́н	卡盘;夹盘
зака́ливать; зака́лка	淬火
зака́танный стано́к	压边机
зако́н движе́ния	运动规律
заостре́ния спира́ли	螺旋角
запа́сная часть	备件
заря́дный аппара́т(заря́дник)	充电机
зубосверли́льный стано́к	齿轮钻床
зубофре́зерный стано́к	齿轮铣床;滚齿机
зубча́тая ре́йка	齿条
изгото́вленная дета́ль	制造零件
изно́с маши́ны	机器损耗
износосто́йкость	耐磨性(阴)
инструмента́льный цех	工具车间
калёвочный стано́к	造型机
кали́бр	量规
карда́нная му́фта	万向联轴节
кача́лка	摇杆
керне́ние	冲孔
кинемати́ческая па́ра	运动副

кла́пан	阀门
кла́панное коромы́сло	活门摇臂
клеенама́зывающий стано́к	涂胶机
клепа́ть；клёпка	铆接
клеть	机架（阳）
ключ га́ечный	扳手
козлово́й кран	门式起重机
колеба́ние	振动
коле́нчатый вал	曲轴
колёсно-тока́рный стано́к	车轮车床
кольцево́й фре́зерный стано́к	圆铣床
конве́йер	传送带
кони́ческая шестерня́	圆锥齿轮
консо́льный сверли́льный стано́к	悬臂钻床
контро́льный у́гольник	验方角尺
концева́я ме́ра	规块；量块
ко́нчик резца́	刀头
координа́тно-расто́чный стано́к	坐标膛床
координа́тно-шлифова́льный стано́к	坐标磨床
копёр	打桩机
копирова́льно-тока́рный стано́к	仿形车床
коро́бка переда́ч（скоросте́й）	变速箱
корриги́рование	修正变位
коэффицие́нт корре́кции	变位系数
кран	龙头；起重机
кривоши́п	曲柄
кривоши́пно-ползу́нный механи́зм	曲柄滑块机构
кромкозаги́бочный стано́к	折缘机,折边机
кромкострога́льный стано́к	削缘刨床
кромкофугова́льный стано́к	刨边机
круглопи́льный стано́к	圆锯机
крупномасшта́бная моде́ль	大尺寸模型
кузне́чный цех	锻工车间
кулачо́к	凸轮
ле́нточно-пи́льный стано́к	锯木机

ли́ния голо́вок	齿顶线
лите́йная устано́вка	铸造设备
лите́йный цех	铸造车间
лу́ковая пила́	弓锯
маля́рный цех	油漆车间
маши́на	机器
машинострои́тельная промы́шленность	机器制造工业
мгнове́нная углова́я ско́рость	瞬时角速度
мгнове́нное достига́ть за́данных значе́ний орбита́льной ско́рости	轨道速度瞬时值
ме́дный цех	铜工车间
межцентрово́е расстоя́ние	中心距
мери́тельные и ре́жущие инструме́нты	量具和刃具
металлообраба́тывающий стано́к	金属加工机床
металлоре́жущий стано́к	金属切削机床
механи́зм	机械
меша́лка	搅拌机
микро́метр	千分尺
ми́нусовое колесо́	负值变位齿轮
многопи́льный обрезно́й стано́к	多锯片裁边机
многопозицио́нный стано́к	多位联动车床
многорезцо́вый стано́к	多刀机床
многошпи́ндельный сверли́льный стано́к	多轴钻床
моде́льный цех	制模车间
мо́лот	大锤;榔头
монта́ж	安装
надёжная рабо́та	可靠工作
нака́тка	压花
напи́льник	锉刀
направле́ние	方向
нареза́ние резьбы́	切螺纹
насто́льно-сверли́льный стано́к	台式钻床
нача́льный ко́нус	节锥
некорриги́рованное зубча́тое колесо́	零变位齿轮
неспоко́йный ход	不平稳运行

несу́щая спосо́бность	承载能力
нормализа́ция	正火;标准化
норма́льный шаг	法向齿距
обма́зка	涂料
обраба́тываемая дета́ль	工件
обта́чивать;обто́чка	车削
обыкнове́нная цикло́ида	普通摆线
ограни́чивать	约束
односто́ечный продо́льно-строга́льный стано́к	单柱龙门刨床
одношпи́ндельный фре́зерный стано́к	单轴铣床
окисле́ние	氧化
окра́ска распиле́нием	喷漆
окру́жность	圆,圆周(阴)
окру́жность впа́дин	齿根圆
окру́жность вы́ступов	齿顶圆
осмо́тр и ремо́нт	检修
основна́я окру́жность	基圆
основно́й шаг	基圆齿距
ось	轴;车轴(阴)
отвёртка	螺丝刀
отжига́ть;о́тжиг	退火
отли́вкаи поко́вка	铸件和锻件
относи́тельная ско́рость	相对速度
о́тпуск	回火
отрезно́й стано́к	切割机;锯床
отрица́тельное смеще́ние	负变位
охлажде́ние	冷却
параллелогра́ммный механи́зм	四杆联动机构
парово́й мо́лот	蒸汽锤
патро́н	夹具
пельме́нный автома́т	饺子机
переда́точное отноше́ние	传动比
перемеще́ние	位移
перехо́дная крива́я	过渡曲线
пи́льный стано́к	锯床

планета́рное колесо́	行星轮
пло́ская кинемати́ческая па́ра	平面运动副
пло́ско-строга́льный стано́к	龙门刨床
пло́ско-фре́зерный стано́к	龙门铣床
плоскошлифова́льный стано́к	平面磨床
пло́щадь противодавле́ния	反力面积
плю́совое колесо́	正值变位齿轮
пневмати́ческий домкра́т	气动千斤顶
поверхностнофре́зерный стано́к	平面铣床
поворо́т эксцентрисите́та	偏距回转
пода́ча	送料;走刀
подви́жная центро́ида	活动瞬心轨迹
подши́пник (ро́ликовый, иго́льчатый, микро-подши́пник)	轴承(滚珠轴承,滚针轴承,微型轴承)
пожароизвеща́тельная устано́вка (пожа́рный извеща́тель)	消防警报器
показа́тель пла́вности хо́да	运行平稳性指标
ползу́честь(мета́лла)	(金属的)蠕变(阴)
полирова́льный стано́к	抛光机
полирова́ть;полиро́вка	抛光
положи́тельное смеще́ние	正变位
полуавтоматиза́ция	半自动化
полумеханиза́ция	半机械化
попа́рное размеще́ние сателли́тов	行星轮成对布置
попере́чно-строга́льный гидравли́ческий стано́к	液压牛头刨床
попере́чно-строга́льный стано́к	牛头刨床
по́ршень	活塞(阳)
пото́чная(автомати́ческая)ли́ния произво́дства	连续(自动)生产线
преде́льное давле́ние	极限压力
пресс	压力机
прецизио́нный стано́к;то́чный стано́к	精密车床
приви́вка ко́нусом	圆锥嫁接法
приводно́й блок	传动系轮
пробивно́й стано́к	冲孔机;冲床
продо́льный шарни́р	纵向铰链

простóе гармонѝческое колебáние	简谐运动
противодéйствие	反力
протяжённость	长度,宽度,高度(阴)
протя́жный инструмéнт	拉刀
протя́жный станóк	拉床
процéсс вращéния	转动过程
прямáя шестерня́	直齿轮
прямодéйствующий привóд	往复传动
радиáльно-сверлѝльный станóк	摇臂钻床
рáдиус	半径
рáдиус кривизны́	曲率半径
разбирáть	拆卸
развёртка	铰刀
развёртывание отвéрстий	铰孔
раздвижнáя пáра	移动副
размéточный сверлѝльный станóк	钻模钻床
разъединя́ющая сѝла	开锁力
раскислéние	脱氧
расплавлéние	熔化
растóчка скры́тых отвéрстий	潜孔钻
растóчный резéц	膛刀
растóчный станóк	镗床
растóчный станóк прецизиóнных образцóв	精密样板膛床
расширѝтельный резéц для отвéрстий	膛孔刀
реáкция опóры	支点反作用
ребрó-склéевочный станóк	对缝胶合机
режѝм рéзания	切削运行
резéц для протóчки канáвок	铣槽刀
резéц;рéжущий инструмéнт	刀具
рéзка;рéзание	切削
резьбовáя пáра	螺旋副
резьбомéр	螺纹规
резьбонакáтный станóк	滚丝机
рéйсмусовый строгáльный станóк	刨板机;木工压刨床
ремóнтно-монтáжный цех	修配车间

рихтова́льный стано́к	压直机;矫正机
сбо́рочный цех	装配车间
сбо́рочный цех кру́пных дета́лей	大件装配车间
сва́рочный трансформа́тор	弧焊变压器
сверле́ние	钻孔
сверхскоростно́й внутришлифова́льный стано́к	超高速内圆磨床
сдво́енный строга́льный стано́к	复式板刨床
си́ла реа́кции	反作用力
синхро́нная переда́ча угла́	同步角传动
скоростна́я многорезцо́вая ре́зка	高速多刃切削法
скоростна́я ре́зка	高速切削法
скоростно́й тока́рный стано́к	高速车床
ско́рость оборо́тов	转速
сма́зывание	润滑
смеще́ние	移距
сопротивле́ние	阻力
сопряжённый про́филь	共轭齿形
спа́рник	连杆
спира́льная пружи́на	螺旋弹簧
споко́йный ход	平稳运行
спо́соб зна́ков движе́ния	运动符号法
срок слуке́ния резца́	(刀具的)切削寿命
станда́ртное центра́льное расстоя́ние	标准中心距
стани́на	床座;基座
стано́к	车床,机床
стано́к с автомати́ческим програ́ммным управле́нием	自动程序控制机床
стано́к–автома́т	自动机床
стано́к ЧПУ(ЦПУ)	数控机床
стереокопирова́льный фре́зерный стано́к	立体仿形铣床
строга́льный резе́ц	刨刀
строга́льный стано́к	刨床
строга́ть;строга́ние	刨
стыкова́я сва́рка	对头焊接
сферошлифова́льный стано́к	球面磨床
таль	滑车(阴)

телеметри́я	遥测学
телеуправле́ние	遥控
те́ло резца́	刀身
тео́рия меха́ники	机械原理
терми́ческая обрабо́тка	热处理
терми́ческий цех; цех терми́ческой обрабо́тки	热处理车间
термопластавтома́т	自动注塑机
тиски́	老虎钳
тока́рно-винторе́зный стано́к	螺丝车床
тока́рно-револьве́рный стано́к	转塔式六角车床
тока́рный резе́ц	车刀
тока́рный стано́к	车床;旋床
тока́рный стано́к для коле́нчатых вало́в	曲轴车床
тока́рный стано́к с коро́бкой скоросте́й	齿轮箱车床
тока́рный стано́к с ремённым приво́дом	皮带车床
толщина́ зу́ба	齿厚
торе́ц	端面
торцево́й мо́дуль	端面模数
точи́льный (нажда́чный) стано́к	砂轮机
трансформа́тор	变压器
тре́ние	摩擦
то́чечная маши́на	点焊机
тяжёлый тока́рный стано́к	重型车床
углова́я переда́ча	角传动
у́гол давле́ния	压力角
у́гол есте́ственного отко́са	休止角
у́гол зацепле́ния	啮合角
у́гол зигза́га	曲折运动角
у́гол исхо́дного ко́нтура	原始齿形角
у́гол ко́нтура	齿形角
у́гол поворо́та	回转角
у́гол подъёма	上升角;导程角
у́гол предваре́ния	移前角
у́гол торцево́го давле́ния	端面压力角
у́гольник	角尺

удале́ние гра́та（заусе́нцев）	打毛刺；去毛口
универса́льное зажи́мное устро́йство	万能工作夹具
универса́льный внутришлифова́льный стано́к	万能内圆磨床
универса́льный зато́чный стано́к	万能工具磨床
универса́льный попере́чно-строга́льный стано́к	万能牛头刨床
универса́льный радиа́льно-сверли́льный стано́к	万能摇臂钻床
универса́льный стано́к	万能车床
универса́льный тока́рный стано́к	机动车床
универса́льный фре́зерный стано́к	万能铣床
ускоре́ние	加速度
уста́лость	疲劳（阴）
устро́йство	机构
фа́ска	倒棱；斜面
фасо́нное гнутье́；рифле́ние	铣槽
фасо́нно-тока́рный стано́к	样板车床
фи́тинг；армату́ра	配件
фре́зер；фре́за	铣刀
фре́зерный стано́к	铣床
фре́зерный стано́к-автома́т с программи́рованием	自动程序控制铣床
фре́зеровать；фрезерова́ние	铣
фри́зер для моро́женого	冰淇淋机
ход	进程；导程
холо́дная（горя́чая，терми́ческая）обрабо́тка	冷（热）加工
холо́дное прессова́ние	冷压
холодноштампо́вочный цех	冷锻车间
храпови́к	棘轮
цемента́ция；затвердева́ние	硬化
центра́льная ли́ния	中心线
центра́льный у́гол	圆心角
цех горя́чей прессо́вки	热压车间
цех мери́тельного инструме́нта	量具车间
циклева́льный стано́к	刮光机；刮床
цилиндри́ческая шестерня́	圆柱形齿轮
цили́ндро-тока́рный стано́к	气缸车床
ци́ркуль	圆规（阳）

часть；у́зел；блок	部件
червя́к	蜗杆
червячношлифова́льный стано́к-полуавтома́т	半自动滚刀磨床
червя́чное колесо́	蜗轮
четырёхсторо́нний строга́льный стано́к по де́реву	四面刨板机
число́ зу́бьев	齿数
шаг	齿距
шарни́рный четырёхзве́нный механи́зм	铰链四杆机构
шестерня́	齿轮
шипоре́зный стано́к	开榫机
шлифова́льный нажда́чный круг	砂轮
шлифова́льный стано́к；точи́льный стано́к	磨床
шлифова́ть；шлифо́вка	磨削
шлицо́ванный вал	齿槽轴
шпи́ндель	主轴(阳)
шпунтова́льный стано́к	开槽机；开企口机
штампова́льный стано́к	模压机
штампо́вка	冲压
штангенци́ркуль	卡尺(阳)
эвольве́нта	渐开线
эвольве́нтомер	渐开线测量仪
эквивале́нтный мо́дуль	当量模数
эксперимента́льный цех	试制车间
эксце́нтрик	偏心轮
элева́тор	升降机；吊车
электри́ческая сва́рка	电焊
электродви́гатель(электромото́р)	电动机(阳)
электроискрово́й ре́жущий стано́к-автома́т	电光追踪自动切削机
электроискрова́я обрабо́тка	电火花加工
электролити́ческая ре́зка	电解切削
электросва́рочная маши́на	电焊机
эскала́тор	自动梯,升降梯

流体机械

абсолю́тная температу́ра	绝对温度
абсолю́тное давле́ние	绝对压强
адиабати́ческое расшире́ние	绝热膨胀
адиабати́ческое сжа́тие	绝热压缩
активи́рованная моле́кула	活化分子
атомиза́ция	雾化
аэродина́мика	空气动力学
аэродина́мика больши́х скоросте́й	高速空气动力学
аэродина́мика ма́лых скоросте́й	低速空气动力学
аэродинами́ческая си́ла	气动力
аэродинами́ческая труба́	风洞
аэродинами́ческий центр	气动中心
аэротермодина́мика	气动热力学
бу́ферное де́йствие	缓冲作用
вискозиме́тр	粘度计
возмуще́ние	扰动
возраста́ние энтропи́и	熵增
впускна́я труба́	进气管
высота́ волны́	波高
вы́ход	出口
газифика́ция	气化
га́зо−жи́дкостный пото́к	气−液流
га́зовая сма́зка	气体润滑
га́зовый тра́нспорт	气体运输
геометри́ческое подо́бие	几何相似
гидродина́мика	流体动力学
гидродинамо́метр	流速计
гидрокинема́тика	流体运动学
гидростати́ческое давле́ние	液体静压
гра́дус Ке́львина	开尔文度数
двухфа́зное тече́ние	二相流
дискре́тная фа́за	离散相
диффу́зия	扩散,弥漫

диффу́зор	扩压器
жи́дкостно-реакти́вный пото́к	液体燃料流
забо́рка	隔板
за́водь	回流(阴)
затвердева́ть	凝结
и́мпорт	进口
индукти́вное сопротивле́ние	诱导阻力
индукти́рованная ско́рость	诱导速度
испаря́ться	蒸发
капилля́рность	毛细作用(阴)
кинемати́ческое подо́бие	运动相似
кипе́ть	沸腾
кольцево́й пото́к	环状流
конве́кция	对流
контро́льный объём	控制体积
концентра́ция	浓度
ко́рпус	机体
коэффицие́нт поглоще́ния	吸收系数
крити́ческое число́ Ре́йнольдса	临界雷诺数
крыльча́тка	叶轮
ли́ния тече́ния	流线
мано́метр	压力计
массопереда́ча	质量传递
меха́ника сплошны́х сред	连续介质力学
накла́дка на управля́ющего аппара́та	导叶盖板
направля́ющая лопа́тка	导叶
насо́с с лопа́точным отво́дом	导叶泵
нелока́льная тео́рия по́ля	非局域场论
непреры́вная фа́за	连续相
обнажённая пове́рхность	自由面
образова́ние пузырько́в	气泡形成
образова́ние це́нтров кристаллиза́ции	生核
объёмная пло́тность	体密度
перепа́д	压差
плаву́чее те́ло	浮体

пове́рхностно-акти́вная моле́кула	表面活化分子
пове́рхностное натяже́ние	表面张力
пове́рхность тече́ния	流面
подо́бная о́бласть	相似域
подрессо́ривание	缓冲作用
присоединённая ма́сса	附加质量
проводи́ть	传导
разба́вленная фа́за	稀相
разрыва́ться	爆炸
распределе́ние	分布
распростране́ние	传播
расслоённая жи́дкость	层状流体
расшире́ние объёма	扩容
регули́руемая лопа́тка направля́ющего аппара́та	可调整风机导叶
свобо́дная конве́кция	自由对流
свобо́дная ли́ния обтека́ния	自由流线
свобо́дная эне́ргия актива́ции	活化自由能
свобо́дный пото́к	自由流
ско́рость волны́	波速
ско́рость ска́чка	跃动速度
совме́стные усло́вия	相容条件
сплошна́я среда́	连续介质
суспе́нзия	悬浮
теку́честь	流动性(阴)
теоре́ма Ке́львина	开尔文定理
тео́рия пограни́чного сло́я	边界层理论
тео́рия сплошно́й среды́	连续介质原理
теплоконве́кция	热对流
теплообме́н	热交换
теплопрово́дность	热传导(阴)
тру́бка то́ка	流管
уда́рная волна́	冲击波
уравне́ние пограни́чного сло́я	边界层方程
усло́вная энтропи́я	条件熵
уте́чка	流失

фунда́мент	基础
хромати́зм	色散
центробе́жный компре́ссор	离心压缩机
циркуля́ция	环量
число́ Ве́бера	韦伯数
электросисте́ма	电气系统
эне́ргия актива́ции	活化能

数控加工技术

абсолю́тное коди́рование	绝对编码
абсолю́тный разме́р	绝对尺寸
автоко́д	程序码
автомати́ческий	自动的
а́дрес	地址
батаре́я	电池
вид в разре́зе	剖视图
вну́тренняяси́ла	内力
возвра́т на одну́ пози́цию	退回
враще́ние по часово́й стре́лке	顺时针旋转
вспомога́тельная фу́нкция	辅助功能
вставля́ть	插入
вы́зов	调用
вычисле́ние	计算
дво́ичный	二进制的
дета́льный чертёж	零件图
дискре́тая управля́ющая вычисли́тельная маши́на	离散控制计算机
заде́ржка	阻挡器
заме́на	更换
знак	字符
и́мя програ́ммы	程序名
исполни́тельная програ́мма	执行程序
ка́ртер коро́бки переда́ч	变速箱
кно́пка	按钮
код	代码
код кома́нд	指令码

кóдер	编码器
компью́тер	计算机
конéц дáнных	数据结束
конéц прогрáммы	程序结束
кóнусность	锥度(阴)
кóрпус бáка	箱体
локализáция	定位
маршрýтный лист	工序单
мéлкая резьбá	细螺纹
мембрáна	薄膜
направля́ющий	导向装置
окончáтельная развёртка	精铰刀
окрéстность начáла координáт	坐标原点邻域
определéние размéров	测定尺寸
ось рéжущего инструмéнта	刀具轴线
óтклик	响应
отрéзок	程序段
очи́стить	清除
перехóд	转换
план обрабóтки	加工程序
по хóду часовóй стрéлки	顺时针方向
подпрогрáмма	子程序
показáтельная подпрогрáмма	指数子程序
постоя́нный цикл	固定周期
приостанóвка прогрáммы	程序暂停
приспособлéние динами́ческой подпрогрáммы	子程序动态适配
провéрочная подпрогрáмма	检验子程序
прогрáмма обрабóтки детáлей	零件加工程序
прогрáммная реализáция фýнкции	程序化功能
продóльная скóрость	纵向速度
произвóльная системá координáт	任意坐标系
прострáнственная системá координáт	空间坐标系
пульт управлéния	操作台
развёртка	铰孔
разрешáющая спосóбность	分辨率

резе́рвная ко́пия	备份
резьбова́я фре́за	螺纹铣刀
сбо́рочный чертёж	装配图
се́кция програ́ммы	程序段
систе́ма макрокома́нд	宏指令系统
ско́рость на веду́щем валу́	主轴速度
ско́рость переда́чи да́нных	数据传输速率
скру́чивающее уси́лие	扭力
смеще́ние нуля́	零位偏移
стол	工作台
стре́лочка	箭头
сцепле́ние	连接器
техни́ческие тре́бования	技术要求
то́чка нача́ла координа́т	坐标原点
увеличе́ние	放大率
управля́ющий си́мвол	控制字符
усиле́ние	增益
усили́тель	放大器(阳)
фу́нкция подгото́вки	准备功能
часто́тная характери́стика	频率特性
числово́е управле́ние	数值控制

ПРИЛОЖÉНИЕ 3 轨道交通信号与控制专业词汇

无线电元件

автоматйческое регулйрование усилéния	自动增益控制
агрегáт дйзельных мотóров	柴油发电机组
адáптер	拾音器
акустйческий фильтр	滤声器
антéнное гнездó	天线孔
антипожáрный инвентáрь	消防器材
аппарéль	滑道(阴)
бакелйт	电木
бобйна зажигáния	点火线圈
бóйлер	热水器
большáя авáрия	大事故
брусóк	油石
буровóй станóк	钻探机
бýртик	轴颈
вáкуумная пропйтка	真空浸渍
ввóдное гнездó для адáптера	拾音器输入插孔
ввóдное гнездó для кассéтного магнитофóна	磁带录音机输入插孔
ввóдно-распределйтельное устрóйство（ВРУ）	输入配电装置
взрывозащйтный клáпан	防爆阀
видеодетéктор	视频检波器
видеотрансформáтор срéдней частотьí	图像中频变压器
видеоусилйтель срéдней частотьí	图像中频放大器
визуáльный осмóтр	目测
внéшнее затвердевáние	表面硬化
водонасóс；водопóмпа	水泵
воздухоочистйтель	空气过滤器(阳)
воздухосбóрник	集气装置
воздýшный холодйльник	空气冷却器

вольфра́мовая нить	钨丝
входно́й селе́ктор	输入选择器
вы́грузка	卸载
вы́йти из стро́я	损坏
выключа́тель	开关;断路器(阳)
выключа́тель анте́нны	天线开关
выключа́тель се́ти	电源开关
выключа́тельная ста́нция	开关站
высоково́льтная ли́ния	高压线
высокочасто́тная усили́тельная ла́мпа	高频放大电子管
высокочасто́тный вход	高频输入
высокочасто́тный репроду́ктор	高频扬声器
вяза́льная маши́на	编织机
газли́фтная компре́ссорная ста́нция	气举压缩机站
газосва́рочная маши́на	气焊机
газотурби́нная электроста́нция	燃气涡轮发电站
гальваниза́тор	电镀机
гвозди́льный автома́т	射钉枪
гексо́д	六极管
генера́льный ход	主运行
генера́торная ла́мпа	振荡电子管
генера́торная устано́вка	发电设备
гепто́д	七极管
ги́бкость	挠性(阴)
гидравли́ческий плу́нжерный насо́с	液压柱塞泵
гидравли́ческий стано́к	液压机床
ги́дро-генера́торная устано́вка	水力发电设备
ги́дро-электроста́нция	水电站
гильоти́нные (листовы́е) но́жницы	剪板机
гла́вная заземля́ющая ши́на (ГЗШ)	主接地母线
гла́вный распредели́тельный щит(ГРЩ)	主配电盘
гла́дкий	光滑的
глазо́к	电眼
глухо́й болт	地脚螺栓
гнездо́ для анте́нны СВ	中波天线插孔

горизонта́льный	水平的
горя́чая формо́вка	烘压
грибови́дный кла́пан	菌状阀
двухвту́лочная ру́чка	双套筒旋钮
деревообраба́тывающий стано́к	木材加工机床
диапазо́нный переключа́тель	频道转换开关
дина́мик с переме́нной кату́шкой	电动扬声器
дипо́льная анте́нна	偶极天线
диффузио́нная печь	扩散炉
длина́ норма́ли	法线长
до́пуск на прока́тку	轧制公差
до́пуск на торцево́е бие́ние	端面振动公差
до́пуск на штампо́вку	模压公差
дрена́жный кла́пан	排水阀
дроби́лка	粉碎机
душева́я	淋浴室
забо́рка	隔板
заво́д паровы́х турби́н	汽轮机厂
заво́дская но́рма	出厂标准
заги́бочная маши́на	弯折机
зажи́м щёток	炭刷架
заземле́ние	接地；地线
золотни́к	滑阀
измери́тельная высота́	测量高度
измери́тельная шестерня́	测量齿轮
изно́с	磨损
изоля́тор	绝缘体
индика́тор у́ровня за́писи	录音电平指示器
инду́ктор высо́кого напряже́ния	高压电流感应器
индукцио́нный регуля́тор	感应调压器
индукцио́нный электромото́р	感应式电机
инже́кторный кла́пан	喷射阀
инкрусти́рованный про́вод	嵌线
инструкта́ж	须知
инстру́кция	说明书

интегра́льная схе́ма	集成电路
интроско́п	内窥镜
испаре́ние	蒸发
исто́чник пита́ния	电源
исхо́дный ко́нтур	原始轮廓
калибро́ванная шкала́ частот́	频率校准度盘
ка́мера сгора́ния	燃烧室
кату́шка	线圈
кача́ющийся рыча́г	摇臂
кинеско́п	显像管
кипоукла́дчик	打包机
кла́виша волны́	(电台)波段选择按键
кла́виша воспроизведе́ния	重放(复听)按键
кла́виша за́писи	录音按键
кла́виша обра́тной перемо́тки	倒带按键
кла́виша па́узы	暂停按键
кла́виша прямо́й перемо́тки	快速前转键
кла́виша стира́ния	抹音按键
кла́виша-стоп	停止键
кла́вишный регуля́тор	按键式调谐器
кладо́вка	小仓库
кла́пан-регуля́тор	调节阀
класс то́чности	精度等级
коксообразова́ние	结焦
колебну́ться	波动
колле́ктор	集流管
коло́дка анте́нны	天线接线板
кольцево́й конта́кт	汇电环
комбини́рованная ла́мпа	复合电子管
коммуника́ция	管路,线路
комбини́рованное управле́ние	联控
комплексная термо-генера́торная устано́вка	成套水力发电设备
компре́ссор	压气机
конве́йер	传动皮带
консо́льный сверли́льный стано́к	悬臂钻床

контáктная тóчка	接触点
контрóль ýровня зáписи	录音电平控制器
компланáрность	共面性(阴)
кóрпусный болт	机身螺栓
корректирóвка	校准
коэффициéнт отклонéния	偏差系数
кремнúстый выпрямúтель	硅整流器
кристáлл-волочúльная машúна	拉晶机
кулáк	凸轮
лáмпа днéвного свéта	日光灯
лáмпочка	灯泡
лёгкое царáпанье	轻微擦伤
лéнточная кассéта	磁带盘
лúния электропередáчи	输电线路
литьё под давлéнием	压力浇铸
магнúт	磁铁
магнúтная антéнна	磁性天线
магнúтная голóвка	磁头
мáленькая авáрия	小故障
мáска-противогáз	防毒面具
маслобáк	滑油箱
маслоотделúтель	滑油分离器(阳)
маслосъёмное кольцó	刮油环
мáсляное уплотнéние	油封
маховúк	飞轮
машúна по произвóдству воздýшной кукурýзы	爆米花机
межосевóе расстоя́ние	轴间距
мембрáна	膜片
механúческая холодúльная устанóвка	制冷机
микровóлновая интегрáльная схéма	微波集成电路
микрофарáда	微法拉
многокристаллúческий крéмний	多晶硅
монокристаллúческий крéмний	单晶硅
мостовóй кран	桥式吊车
мотóрные тáли	电动葫芦

мо́щность устано́вки	装机容量
му́фта соедини́тельная	联轴器
наби́вка	填料
нага́р	油垢
нагру́зка	负荷,载荷
напо́льный телеви́зор	落地式电视机
направля́ющая шта́нга	导杆
нару́жный диа́метр	外径
насто́льно-сверли́льный стано́к	台式钻床
натя́жность	松紧度(阴)
натя́жность и паралле́льность	松紧度和平行度
нау́шники	耳机
низкочасто́тный трансформа́тор	低频变压器
нормиро́вочное напряже́ние	额定电压
но́рмы противопожа́рной безопа́сности（НПБ）	防火安全标准
обмо́тка	线圈
огнетуши́тель	灭火器(阳)
ограничи́тель поме́х	限幅器
односто́ечный продо́льно-строга́льный стано́к	单柱龙门刨床
окто́д	八极管
о-о́бразное кольцо́	O 形圈
опера́ция под то́ком	带电作业
опо́рная ра́ма	支架
определённое коли́чество	定量
опы́ливатель	喷粉器(阳)
органи́ческая кремни́стая смола́	有机硅树脂
ослабля́ться	松动
осциллоско́п	示波管
осцилля́тор	振荡器
отве́рстие репроду́ктора	扬声器孔隙
отде́льный у́зел	个别连接点
отрабо́танный газ	废气
отрезно́йстано́к	切割机;锯床
охлади́тель	冷却器(阳)
паде́ние давле́ния	降压

пароэлектростáнция	热电站
пáспорт эффектúвности станóк	机床使用说明书
пентóд	五极管
перемéнный ток	交流电
печáтная схéма	印刷电路
пистолéт-распылúтель	喷枪
питáющая лúния	供电线路
плáвкая встáвка	易熔丝;保险丝
плáменное рéзание	火焰切钢
плёночная схéма	薄膜电路
повреждéние	破损
повышéние давлéния	升压
погрýзочная машúна	装载机
подъёмный кран	吊车
показáтельный прибóр при давлéний	压力显示仪
покрáсочный аппарáт	涂漆机
полировáльный станóк	抛光机
пóлюс	电极
постоя́нный ток	直流电
потенциóметр	电位计
прáвила тéхники безопáсности（ПТБ）	安全技术规则
прáвила технúческой эксплуатáции（ПТЭ）	（电子装置）使用技术规则
прáвила устрóйства электроустанóвок（ПУЭ）	电气设备安装规则
предварúтельный усилúтель	压放电子管
предéльное расхождéние	极限偏差
предохранúтельная прóволока	保险丝
пресс	压力机
пресс-маслёнка;шприц	油枪
прибóры высóкого напряжéния	高压仪器
приводнáя корóбка	传动箱
приводнóй вéнтиль	传动阀
придáточный регуля́тор грóмкости	音量控制附开关
продýвочная кáмера	扫气室
притúрочный（довóдочный）станóк	研磨机
прямоугóльник	矩形

пусковóй газ	启动气
пусковóй щит	启动盘
радиáльно-сверли́льный станóк	旋臂钻床
радиолáмпа	电子管
разорвáться	断裂
распредели́тельная ли́ния	配电线路
распредели́тельные устрóйства（РУ）	配电设备
расто́чный станóк	镗床
регуля́тор оборóтов	转速调节器
регуля́тор объёма	容量调节阀
регуля́торс подви́жной кату́шкой	动圈调压器
резе́рвный ход	备运行
рези́сторный трансформáтор	电阻炉变压器
резьбонарезнóй токáрный станóк	丝杠车床
резьбошлифовáльный станóк	螺丝磨床
ре́йсмусовый станóк	刨床(木工用)
ре́йсмусовый строгáльный станóк	刨板机;木工压刨床
реле́	继电器
розе́тка	插座
рту́тная лáмпа	汞气灯
ру́чка настрóйки	调谐旋钮
ру́чка настрóйки магни́тной анте́нны	磁性天线控制旋钮
ру́чка регуля́тора грóмкости	音量控制旋钮
ру́чка регуля́тора тóна	高(低)音调控制旋钮
ручнóй шлифовáльный станóк	手提式磨床
свáрочный агрегáт	焊接机;电焊变压器
сверли́льный станóк	钻床
сдвóенный попере́чно-строгáльный станóк	复式牛头刨床
селе́ктор напряже́ния	电压选择器
серде́чник	芯轴
силовóй конденсáтор	电力电容器
силовóй трансформáтор	电力变压器
синхрóнный сепарáтор	同步(信号)分离器
сливнóй кран	排放阀
смáзка	润滑油

смеси́тель	混频器(阳)
содержа́ние кислоро́да	含氧量
соста́ривание	老化
сре́днее те́ло	中间体
стани́на	机座
стано́к тяжёлого ти́па	重型机床
структури́рованная ка́бельная систе́ма（СКС）	结构化电缆系统
суши́льная печь	烘炉
твёрдая схе́ма	固体电路
телеви́зор；телевизио́нный приёмник	电视机
телеконтро́льная трансформа́торная ста́нция	摇控变电站
телеэкра́н	电视屏幕
температу́ра входя́щего га́за	进气温度
температу́ра выходя́щего га́за	排气温度
терми́стор	热敏电阻
тетро́д	四极管
то́чечная корро́зия	点蚀
то́чечная маши́на	点焊机
то́чность отли́вки	铸件精度
тра́верса	横臂
транзи́сторный приёмник	晶体管收音机
транзи́стор	晶体管
трансформа́тор	变压器
трансформа́тор с ма́слянным охлажде́нием	油浸自冷式变压器
трансформа́торная подста́нция（ТП）	变电所(站)
трио́д	三极管
трос	（钢丝）绳
трубоги́б	弯管机
турбогенера́торный цех	汽轮发电机车间
у́гол голо́вки зу́ба	齿顶角
у́гол накло́на зу́ба	齿倾角
удале́ние меркапта́на	脱硫醇
ультрафиоле́товая ла́мпа	紫外线灯
усили́тель звуково́го сопровожде́ния сре́дней частоты́	伴音中频放大器
усили́тельная ла́мпа сре́дней частоты́	中频放大电子管

устано́вленный показа́тель	设定值
фа́кел	火炬
фарфо́ровый изоля́тор	绝缘瓷瓶
фильтр	滤波器
фильтр полосово́й	带通滤波器
фильтр то́нкой и грубо́й очи́стки	细过滤器和粗过滤器
фла́нец	法兰
флуоресце́нтная ла́мпа	荧光灯
фотоэлеме́нт	光电池;光电管
цветно́й кинеско́п	彩色显像管
цветно́й телеви́зор	彩色电视机
центр управле́ния	中控室
цех горя́чей прессо́вки	热压车间
цили́ндр	汽缸
чёрно-бе́лый телеви́зор	黑白电视机
ша́бер	刮刀
шип крестови́ны	十字头销
шкив	皮带轮
щит управле́ния	控制盘
электроизмери́тельные прибо́ры	电表仪器
электроискрово́й ре́жущий стано́к-автома́т	自动等离子电弧切割机
электромото́р переме́нного (постоя́нного) то́ка	交(直)流电机
электропечно́й трансформа́тор	电炉变压器
электросва́рка	电焊
электросе́ть	电力网(阴)
электроста́нция	发电站
элеме́нт	元件
энергети́ческая маши́на	动力机械
ядови́тый газ	毒气

铁路自动化与机电系统设计

автоматиза́ция	自动化
автомати́ческое переключе́ние	自动转换
актуа́льность	现实意义(阴)
ана́лиз	分析

аппара́тное обеспе́чение	硬件
аппарату́ра	仪器
ба́за да́нных	数据库
безопа́сность	安全性(阴)
ввод	输入
взаи́мная увя́зка	互相协调
внедре́ние	导入
вы́вод	导出
вычисли́тельный	计算的
гра́фик	图形
да́нные	数据
двойна́я ли́ния	双线
де́ятельность	活动(阴)
дисково́д	磁盘驱动器
документа́ция	文件
желе́зная доро́га	铁路
закрыва́ть	关闭
инжене́рный	工程的
инструме́нт	工具
исправле́ние	修正
исто́чник пита́ния	电源
ка́чество	质量
квалифика́ция	评定
ко́мплекс	综合体
конверта́ция	转换
конта́кт	触点
контро́ль	检查(阳)
координа́та	坐标
микропроце́ссор	微处理器
модели́рование	建模
несовмести́мость	不兼容性(阴)
общепри́нятый	通用的
орби́та	轨道
осно́ва	基础
отбукси́ровать	拖走

отсу́тствие	缺乏
охра́на	防护
оце́нивать	评估
па́пка	文件夹
перевози́ть	运输
пересече́ние	交叉
перехо́д	过道
по́льзователь	用户(阳)
поста́вить	放置
принципиа́льный чертёж	原理图
проверя́ть	检查
програ́ммное обеспе́чение	软件
прое́кт	项目
проекти́рование	设计
проекти́рование челове́ко-компью́терной систе́мы	人机系统设计
произво́дство	生产
работоспосо́бность	耐用性,适用性(阴)
разветвле́ние доро́ги	岔道
разраба́тывать	开发
разрабо́тка	研究
разрабо́тчик	设计人员
раскры́ть	打开
расчёт центро́вки и загру́зки	重心和载重计算
регули́ровать	调试
реда́ктор	编辑器
реле́	继电器
светофо́р	交通信号灯
сетева́я моде́ль	网络模式
сигна́л	信号
сигнализа́ция	信号装置
систе́ма	系统
систе́ма автоматиза́ции прое́ктных рабо́т	自动化设计系统
состоя́ние	状态
станда́рт	标准
ста́нция	车站

стати́в	三脚架
стро́ить	构建
сфéра	领域
табли́ца взаимозави́симости	联锁图表
трáнспорт	运输
трáсса	路线
узловáя тóчка	节点
умéние	技能
управлéние	控制
устраня́ть	消除
формáт	格式
фу́нкция	功能
человéко-компью́терный	人机的
черчéние	绘图
эксплуатациóнник	使用者
эксплуатáция	操作;维护
электросхéма	电路图

ПРИЛОЖÉНИЕ 4 土木工程专业词汇

абрази́вность	磨损性;磨蚀度(阴)
абра́зия	磨损;磨蚀
абсорбéнт	吸收剂
абсорби́ровать	吸取;吸收
абсци́сса	横坐标
абша́йдер	分离器;精制机
ава́рия	事故;故障
автогéн	气焊;气切
автозащи́та	自动保护(装置)
автоката́лиз	自动催化作用
автоколеба́ние	自振;自摆
автоло́г	自动闸
автома́т	自动装置;自动机械
автоматизи́рованность	自动化程度(阴)
автооксида́ция	自发氧化
а́втополимер	自聚物
агрега́т	机组;联动机
адгезио́нный	附着的;粘着的
адиаба́та	绝热曲线
адсо́рбер	吸附器
азеотропи́ческий	共沸的
а́зимут	方位角;方位
азо́т	氮
азо́тистый	氮化的
акведу́к	水道;导水管
аккумуля́тор	蓄电池
акселера́ция	加速度

áлгебра	代数学
алеврúты	粉粒
алевролúт	粉砂岩
áлембик	蒸馏器
алкáли	碱;强碱
алкогóль	乙醇(阳)
алунúт	明矾石
альдегúд	醛
алюминáт	铝酸盐
амортизáтор	减震器;阻尼器
амплитýда	幅;振幅;幅度
аномáльный	反常的;不正常的
ансáмблевый	总体的
антаблемéнт	檐部;盖盘
антагонúзм	对抗作用
антагонистúческий	对抗的
антивибрáтор	防震器;减震器
антидетонáтор	抗震剂
антизагнивáние	抗腐作用
антикатализáтор	反催化剂
антикоррозúйный	防蚀的;防锈的
антимагнúтность	防磁性;反磁性(阴)
антиокислúтель	防氧化剂(阳)
антипожáрность	抗火性;防火性(阴)
антирезонáнс	反共振;并联共振
антисéптик	防腐剂
антисептúрование	防腐处理
антисептúческий	防腐的
апогéй	顶点;极点
апофéма	边心距
аппроксимáция	近似算法;近似值
аргументúровать	引证;提出论证

арифмóметр	计算机,计算器
áрка	拱门
аркáда	连拱;拱廊
аркообрáзный	拱形的
арматýра	钢筋;配筋
арретúрование	锁定;制动
архитектýра	建筑;建筑学
арчáк	鞍架
ары́к	灌溉渠;沟渠
асбéст	石棉;石绒
аспирáция	吸尘;吸尘装置
ассимиля́ция	同化;同化作用
астатúческий	无定向的;不稳定的
астигматúзм	象散性;象散现象
атермúческий	不透热的;隔热的
атмосфéра	大气;大气压
áтом	原子
áтомный	原子的
атрибýт	属性;特征
аттестовáть	推荐;鉴定
аттрáкция	吸力;吸引
аугментáция	加强;增加
ацетилéн	乙炔
бáба	打桩锤
багéт	饰条;压边条
багóр	搭钩
бадья́	提桶;吊桶
бáза	柱基;基础
базамéнт	地下室;地窖
базúрование	以……为基地;定基准
базúс	座;底面;基础
бáзисный	基础的;基线的

ба́зовый	基地的;基准的
байпа́с	侧管;侧道
бак	槽;桶;水槽
баланси́р	均衡器
балансиро́вка	保持平衡;平衡
ба́лка	梁;杆
балл	级;分数
балла́ст	压载物
ба́ллер	柱;轴
ба́лочный	梁的
балюстра́да	栏杆
бамбу́к	竹;竹材
банда́ж	轮胎;带
ба́нка	罐;缸
банке́тка	底座板;小土堤
бар	沙滩;棒;杆
бараба́н	滚筒;卷筒
бара́к	临时小屋;板棚
бара́чный	板棚的;小平房的
барбота́жный	飞溅的
бари́т	重晶石;硫酸钡矿石
баро́метр	气压计
барье́р	篱栅;栅栏
бассе́йн	蓄水池
бастио́н	堡垒
батаре́я	(同样器具,机件等的)排,组;电池
батоли́т	岩基
бачо́к	槽;水箱
ба́шенка	小塔
ба́шенный	塔的;塔式的
башма́к	柱脚;标尺台
ба́шня	塔;塔架

без ма́ла	几乎,大约
безме́рный	无法计量的
бе́йцовка	侵染;擦洗
бели́ла	白色涂料;白粉
бели́ть	粉刷;刷白
бензи́н	汽油
беспоря́док	无秩序;紊乱
беспри́месный	无杂质的;纯质的
бессисте́мный	无系统的;无规律的
бесцве́тный	无色的
бесце́нтровый	无中心的
бето́н	混凝土
бикарбона́т	碳酸氢钠;小苏打
бимс	顶梁;横梁
бино́м	二项式
бискви́т	素瓷,素坯
биту́м	沥青
блестя́щий	有光泽的
блок	块体;砌块
бой	碎块
бойка́	搅拌台;掷,抛
боково́й	旁侧的;侧面的
болва́н	木块;圆顶木模
болт	螺栓;螺丝
бори́д	硼化物
борово́к	阻板,隔板
борозда́	犁沟,沟
борона́	耙
бо́ртик	护墙板
бо́чка	桶;浮筒
бриллиа́нт	金刚石,钻石
бром	溴

бросáть	抛;投;扔
брульóн	略图;原图
брус	方木
брусóк	方条,小方材
булавá	棍,棒,圆锤
бýнкер	斗,斗仓
бункеровáть	装仓;装箱
бунт	包;捆
бур	凿岩器
бурéние	钻探,钻孔
бурлúвый	沸腾的
бутáн	丁烷
бутúл	丁基
бýфер	缓冲器,缓冲装置
бык	墩;支柱
быстроразъёмный	易卸的,快速分离的
быстротá	速率,速度
бюджéт	预算
вáга	杆,撬杆
вадóзный	循环的;渗流的
вал	轴;滚筒
вальцы́	碾压机
вáнта	牵索
вапоризáтор	蒸发器;气化器
варéние	煮;焊接,熔接
ватерпáс	水准器
вбивáть	打入,钉上
вбрóсить	投入,扔入
в暗áрка	补焊,焊入
величинá	值;尺寸
венéц	底梁
вéнтиль	节门;开关(阳)

вентиля́ция	通风;通风装置
верньéр	游标;游标尺
вероя́тность	或然率;概率(阴)
вертика́ль	垂线;垂直仪(阴)
вертика́льность	垂直;垂直度(阴)
верту́шка	流速仪;转门
верховóй	上游的
верхолáз	高空作业工人
верчéние	旋转;转动
вершина́	顶;峰
вес	重量;权
ветвь	侧线;分路(阴)
вéтер	风
вéтка	支管;支线
вешня́к	泄水闸
веществó	物质;实体
взвéшивание	称;衡量
взгля́дывать	持(某种)看法;对待
вздыма́ть	使上升;扬起
взла́мывать	打开;凿穿
взрыва́тель	信管;雷管(阳)
взры́вчатый	爆炸的
вибра́тор	(混凝土的)振捣器;振动器
виброгаси́тель	减振器;阻尼器(阳)
вид	视图;种类
визи́рка	准杆;测杆
визи́рование	照准,瞄准
винт	螺钉
вискозимéтр	粘度计
витóк	螺旋圈;线匝
вихрь	旋风;涡流(阳)
вка́пывать	埋入

вка́тывать	滚入;推入
вкла́дыш	嵌块
вкле́ивать	粘入;贴进
вкли́нивать	列入;接通(指电流);开动
включа́тель	电门;开关(阳)
включе́ние	接通
вкось	斜着,倾斜
вкрапле́ние	喷上,加喷
вкра́пливать	喷上;附加
вла́га	液体;水分;潮气
влагоёмкость	容水量,含水量(阴)
влагозащи́тный	防水的
влагонапряжённость	吸水力,干燥力(阴)
влагопрово́дность	湿传导性(阴)
влагоупо́рный	耐湿的
вла́жность	湿度,含水量(阴)
влива́ть	注入,灌入
вма́зывать	砌入;粘住
вме́шивать	混入,掺入
вмуро́ванный	嵌置的,嵌入的
внерабо́чий	不受力的,受力不大的
вне́шне	外表上,表面上
вноси́ть	移入,拿进
внутри́	在内部,在里面
во́гнутый	凹的,内凹的
води́ть	引导;伴送
во́дный	水的;水位的
водово́д	输水管
водоём	水系;水池
водозабо́р	取水;渠首
водоизоля́ция	防水;防水层
водоисто́чник	水源

водоме́р	水表;水位标尺
водонагрева́тель	热水器(阳)
водоотли́в	排水,抽水
водоподъём	扬水,升水
водопотребле́ние	用水量
водопрово́д	水管;给水工程
водопроводи́мость	导水性,透水性(阴)
водосло́й	水层
водоснабже́ние	供水
водоспу́ск	水闸,水门
водосто́к	下水管道系统;雨水沟
водото́к	水流;水沟
водоупо́рный	抗水的;耐水的
возвыше́ние	上升,增加
возде́йствие	影响,作用
во́здух	空气,大气
воздухоотво́д	排气管,放气管
воздухопрово́д	通风管道,风管
во́йлок	毛毡,油毛毡
волна́	波,波浪
волокно́	纤维;木纹
волоку́ша	(搬运木材用的)滚转装置
воро́нка	漏斗,水斗
воро́та	大门;闸门
воро́чать	翻转,倒转
воссозда́ние	重建;仿造
восстанови́тель	还原剂,脱氧剂(阳)
впа́дина	齿沟,凹处
written	记入,写入
впи́санный	内接的,内切的
враща́ть	使旋转,转动
вруб	开槽;截口

врýбка	嵌入；打眼
вскáпывать	掘起，挖起
встáвка	嵌入，插入
встрáивать	兴建
выбрáсывать	抛出，投出
вы́варка	煮，熬
вывéтривание	通风；风化
вывéшивать	悬挂
выводи́ть	引出；撤销
выгибáть	使弯曲
выдáвливать	榨出，挤出
выделéние	分出，划出
вы́дувка	吹掉；吹制
вы́емка	槽，土沟
выжимáть	榨出，压出
выкáлывать	刺破；穿出
выки́дывать	投出；伸出
выковы́ривать	剔出，挑出
выкрáшивание	染成；涂刷
вы́лет	悬臂；伸出长度
вымáзывать	涂上，擦上
вы́моина	水滩地
вынесéние	突出，伸出
вы́нос	伸出长度，伸出部分
выно́сливость	耐久性，持久性（阴）
выпи́сывать	全部写出；仔细画出
вы́плавка	熔炼；熔量
вы́пор	出气孔；溢水口
вы́пуклость	凸起（阴）
вы́пуск	放出，释放
вырáвнивать	弄平；拉平
вы́рез	切下，割下

вырубáть	伐尽;砍下
вы́садка	移植
вы́севки	木屑(复)
высекáть	雕,刻
высокоплáвкий	高熔点的
высыхáние	变干,干燥
вытекáть	流出;发源
вытя́гивание	拉出;排气
вы́чертить	制图,绘出
вя́зкость	韧性(阴)
габари́т	限界;轮廓
газгóльдер	气罐
газосвáрка	气焊
гáлька	小圆石,砾石
гвоздь	钉子(阳)
генерáтор	发电机;发生器
ги́бкий	易弯曲的
гидрáт	水合物;水化物
гидроизоля́ция	防水层,防潮层
гидрóметр	液体比重计;流速表
гидрофи́льный	亲水的
гипс	石膏
глади́лка	修平刀;熨板
гли́на	黏土
глубинá	深度
глуши́ть	消音;压制
глы́ба	块,岩块
гнуть	使弯曲;倾斜
голóвка	头;帽
горá	山岭;堆积
горизóнт	地平线;层
горлови́на	孔,口

гра́вий	砾石,卵石
градие́нт	陡度;增减率
гра́дус	角度
грани́т	花岗石,花岗岩
грань	界限,范围(阴)
гре́бень	轴环;焊脊(阳)
гриб	菌
гро́хот	筛分机
груз	荷载,重量
грунт	土地,土壤
гудро́н	软沥青
давле́ние	压;压力
да́льность	距离;远度(阴)
да́мба	堤,堰
да́тчик	发送机,发送器
дверь	门(阴)
двор	院子;场地
двуо́кись	二氧化物(阴)
деби́т	出水量,流量
дёготь	焦油,柏油(阳)
де́йствие	作用;行动
демонта́ж	拆除;拆卸
де́рево	树木
держа́тель	柄;夹具(阳)
дерива́ция	引水道;偏流
дефле́ктор	风帽;折射板;转向装置
деформа́ция	应变;变形
диагона́ль	对角线,中斜线(阴)
диа́метр	直径
диагра́мма	图表
диафра́гма	隔膜;隔层
динамо́метр	测力计;功率计

диск	圆板,圆盘
дислока́ция	位移,断层
длина́	长度
дни́ще	底;底部
доба́вка	附加剂;混合料
до́за	用量;剂量
доро́га	道路
доска́	板材
древеси́на	木材;木质
дрена́ж	排水装置
дроби́лка	碎石机
дробь	分数,小数;碎屑(阴)
дутьё	吹制;鼓风
жгут	带条;软垫
железня́к	铁矿
жёлоб	斜槽
жело́нка	泥浆泵
жёсткость	刚度,刚性(阴)
жесть	铁皮(阴)
жила́	线股;岩脉
забо́р	围墙
заво́д	工厂;开动;发条
заводи́ть	引到;发动
заглу́шка	管堵,塞子
загруже́ние	载荷;装满
задви́жка	闸门;插销
заде́л	储备量
зазо́р	间隙,缝隙
заклёпка	打扁;铆钉
закрепле́ние	加固
залега́ние	积藏,蕴藏
зама́зка	涂抹

за́мок	锁；拱顶
теплово́й агрега́т	热力设备
штукату́рный агрега́т	灰砂浆喷抹机
электросва́рочный агрега́т	电焊设备

СПИ́СОК ЛИТЕРАТУ́РЫ

[1] АКАДЕМИК. Промышленный дизайн[EB/OL]. [2020-11-21]. https://dic. academic. ru/dic. nsf/ruwiki/98379.

[2] ДАЛЬНЕВОСТОЧНЫЙ ГОСУДАРСТВЕННЫЙ УНИВЕРСИТЕТ ПУТЕЙ СООБЩЕ-НИЯ. Радиотехнические системы на железнодорожном транспорте[EB/OL]. [2015-11-05]. https://dvgups. ru/structure/-mainmenu-138/iuat/2204-sp-388/raznoe/spetsialnosti-iuat/7252-radiotekhnicheskie-sistemy-na-zheleznodorozhnom-transporte.

[3] МОСКОВСКИЙ ГОСУДАРСТВЕННЫЙ ТЕХНИЧЕСКИЙ УНИВЕРСИТЕТ ИМ. Н. Э. БАУМАНА. Организация дизайнерской деятельности[EB/OL]. [2021-12-01]. http://design. bmstu. ru/ru/modules/pages/? pageid=5.

[4] КАРПЕНКО С В. Гражданское строительство[EB/OL]. [2021-11-07]. https:// spravochnick. ru/arhitektura_i_stroitelstvo/grazhdanskoe_stroitelstvo/.